上海大学出版社

2005年上海大学博士学位论文 30

基于集成计算智能的图像信息融合技术研究

- 作 者： 魏 建 明
- 专 业： 通 信 与 信 息 系 统
- 导 师： 王 保 华

2005年上海大学博士学位论文 30

基于集成计算智能的图像信息融合技术研究

作　　者：魏建明
专　　业：通信与信息系统
导　　师：王保华

上海大学出版社
·上海·

Shanghai University Doctoral
Dissertation (2005)

Image Information Fusion Based on Integrated Computational Intelligence

Candidate: Wei Jianming
Major: Communication and Information System
Supervisor: Prof. Wang Baohua

Shanghai University Press
· Shanghai ·

上 海 大 学

本论文经答辩委员会全体委员审查，确认符合上海大学博士学位论文质量要求.

答辩委员会名单：

主任：张建国　研究员，中国科学院技术物理所　200083

委员：林良明　教授，上海交通大学　200030

　　　钟季康　教授，同济大学　200331

　　　王翔中　教授，上海大学　200072

　　　黄肇明　教授，上海大学　200072

导师：王保华　教授，上海大学　200072

评阅人名单：

施文康	教授，上海交通大学	200030
江国泰	教授，同济大学	200092
王朔中	教授，上海大学	200072

评议人名单：

曾贵华	教授，上海交通大学	200030
任秋实	教授，上海交通大学	200030
陈家璧	教授，上海理工大学	200093
黄肇明	教授，上海大学	200072

答辩委员会对论文的评语

论文深入研究了基于集成计算智能的图像信息融合技术,论文选题具有前沿性和应用前景. 论文的主要成果如下:

一、提出了两种图像融合预处理方法:(1) 构造了去除正负脉冲噪声的神经模糊模型,克服了传统方法在这方面的弊端;(2) 给出了图像边缘的模糊粗集定义,实现了图像边缘的提取.

二、提出了三种图像融合方法:(1) 针对含噪图像信息的模糊性,提出了基于模糊神经网络的图像信息融合方法,实验及分析表明该方法优于神经网络法;(2) 针对信息互补型图像,提出了基于小波神经网络的图像融合方法,该方法利用了小波神经网络模型良好的分类和图像识别性能,体现了一种新的图像融合思想;(3) 从图像信息的近似性及不可分辨性出发,利用粗神经元,提出了基于粗神经网络的图像融合方法,完成了三类图像的像素级融合,并实现了该方法界面化操作.

论文理论正确,条理清晰,结构合理,文笔流畅,数据可靠,研究结果具有创新性. 反映出作者具有扎实的理论基础和系统的专业知识,具有较强的分析问题能力和独立科研能力. 在答辩中,作者表达清楚,回答问题正确.

答辩委员会表决结果

经答辩委员会表决，全票同意通过魏建明同学的博士学位论文答辩，建议授予工学博士学位.

答辩委员会主席：张建国

2005 年 6 月 16 日

摘　要

智能图像处理技术是图像处理智能化发展的必然趋势，将能更好地满足人类的信息处理需求．而集成计算智能和图像融合是这一领域中的两项新兴技术．论文对国内外集成计算智能和图像融合的研究现状及发展态势做了全面深入的调研和分析，确立了基于集成计算智能的图像信息融合技术的研究方向，提出了一些新的思想、方法和途径．

1．构造了神经模糊去噪系统．通过对正负噪声信号的自适应聚类修正，最终达到去噪的目的．该方法克服了传统滤波器不能同时去除正负脉冲噪声的弊端，具有良好的适应性和鲁棒性．

2．提出了边缘提取的新思路．基于图像边缘信息模糊性和不可分辨性的实际情况，利用模糊粗集理论处理近似信息的优势，推导了图像边缘信息的模糊粗集定义，最终实现了非刚性图像的边缘提取，从而拓宽了模糊粗集理论的应用范围，也展示了边缘提取的新途径．

3．提出了基于模糊神经网络的图像信息融合方法．针对含噪图像信息的模糊性，构造了用于含噪图像融合的模糊神经网络模型，对含噪图像像素进行了自竞争的模糊聚类，既处理了含噪图像的精确信息，又处理了含噪图像的模糊信息．对比实验及分析显示了该方法优于神经网络法．最后，对实际含噪

图像的融合处理,也进一步证明了该方法的实用性和有效性.

4. 提出了基于小波神经网络的图像融合方法,实现了信息互补型图像的特征融合. 通过构造具有良好的分类和图像识别性能的小波神经网络模型,在网络内部实现能量特征的提取、输入及分类,最终达到了特征融合. 实验过程中,通过对小波变换和小波包两种方式的分析与对比,得出了与理论相吻合的结论,即通过小波包法提取图像的特征能取得更好的最终结果. 该融合方法体现了一种新的图像融合思想.

5. 提出了基于粗神经网络的图像融合方法,从图像信息的近似性及不可分辨性出发,利用粗神经元,实现了三类图像的像素级融合:(1) 不同波段的卫星图像;(2) 不同聚焦面的图像;(3) 不同频段的遥感图像. 融合实验和结果验证了该方法的正确性和有效性. 在融合实验的过程中,利用 Microsoft Visual FoxPro 6.0 开发平台,实现了该方法融合过程的界面操作.

论文在基于集成计算智能的图像信息融合技术方面做了一些理论和应用的探索性工作,针对不同的融合对象,尝试了几种自适应性强、智能化处理更接近图像实际的融合方法,将有助于该项技术逐步走向成熟并在未来发挥重要作用.

关键词 图像融合,计算智能,神经模糊系统,模糊粗集,模糊神经网络,小波神经网络,粗神经网络,医学图像处理

Abstract

It is an inevitable tendency from the development of image processing to the intelligent technology, which will offer us more ways with the increasing need of information processing. Integrated computational intelligence and image fusion are both new techniques in this filed. A comprehensive and thorough investigation about the present situations and advances of integrated computational intelligence as well as image fusion has been made in this paper. Finally, the image fusion technology based on integrated computational intelligence has been focused on. From that, some studies and discussion on the theories and applications have been carried out in this paper, and some new ideas, methods and approaches have been presented.

Firstly, the neural fuzzy system is established to remove the noise. The positive and negative impulse noises are removed by self-adaptive clustering correct of noise signal finally. This method with good flexibility overcomes the shortcoming of conventional filters whose positive and negative noise signal can't be cancelled at the same time.

Secondly, a new idea for edge extraction is presented.

Base on the actual conditions of fuzzy and undistinguished image information, the fuzzy rough definition of edge information is deduced by making use of the characteristics of fuzzy rough set and its advantages for approximate information processing, and realizes the edge extraction of elastic images. The application of fuzzy rough set has been broadened and a new approach for edge extraction has been offered at the same time.

Thirdly, one image fusion scheme based on fuzzy neural network is presented. The fuzzy neural network model for fusion of images with noise is established to process the fuzzy information. The image pixels are clustered by self-competition, which deals with not only the accurate information of the image but also the fuzzy information. By comparison, it shows that this new way outperforms the neural network. The practicability and validity got further proved by fusing the images with actual noise.

Fourthly, an image fusion scheme based on wavelet neural network is presented which realizes the features fusion of images with complementary information. After establishing the model of wavelet neural network with good performances of classification and image recognition, the energy feature vectors should be extracted, input and classified within the network, which would be fused at last. Through the analysis and comparison of wavelet transform

and wavelet packet in the experiment, it is concluded that the wavelet packet outperforms the wavelet transform. The experimental result has been consistent with the theoretical analysis. This fusion scheme embodies one new concept.

Finally, an image fusion scheme based on rough neural network is presented. On the basis of approximate information processing, three kinds of pixel level image fusion by rough neuron have been accomplished: (1) Satellite images with different wave bands; (2) Images with different focused planes; (3) Remote images with different frequencies. The experiment and result analysis have verified the correctness and validity. At the same time, the interface operation has been realized by the develop tool of Microsoft Visual Fox Pro 6.0.

Some theories and applications about image fusion technology based on integrated computational intelligence mentioned above have been explored in this paper. A few fusion schemes have been implemented which are more suitable to deal with image information and should be benefit for the maturity of the technology as well as for its extensive applications in the future.

Key words image fusion, computational intelligence, fuzzy rough set, fuzzy neural network, wavelet neural network, rough neural network, medical image processing

目　录

第一章　绪　　论

1.1　课题的背景和研究意义

1.1.1　图像信息融合概述

信息融合技术起源于20世纪70年代军事C3I系统，是一个涉及信息、计算机、自动化等多学科的交叉领域，是目前信息社会必需研究的一个重要方向. 自20世纪90年代以来，信息融合研究呈现出世界性的热潮，其中针对图像信息融合技术的研究呈不断上升的趋势，尤其是近几年，图像信息融合技术已成为军事、遥感、机器人、智能交通及医疗应用等领域的研究热点[1~5].

1.1.1.1　图像融合的概念

图像融合是一种通过高级图像处理来复合多源图像的技术，是用特定的算法将两个或多个不同图像合并起来，生成新的图像，其目的是尽量减少图像信息的不确定性，即对不同图像提供的信息加以综合，消除图像信息之间可能存在的冗余和矛盾，以形成对目标的清晰、完整而准确的信息描述. 图像融合不是简单的叠加，它产生新的蕴含更多有价值信息的图像. 图像融合的作用包括以下几个方面：(1) 图像增强，获得比原始图像清晰度更高的新图像；(2) 更好地提取图像的特征；(3) 去噪；(4) 目标识别与跟踪；(5) 三维重构.

1.1.1.2　图像融合的基础理论和方法

(1) 图像融合的分类

图像融合的层次一般可分为像素级、特征级和决策级. 像素级图像融合是直接对图像中像素点进行信息综合处理的过程；

特征级图像融合是首先从图像中提取特征信息,然后进行综合分析和处理的过程;而决策级图像融合是对已进行分类和识别等处理的图像特征信息进行融合. 图像融合系统的结构如图 1.1 所示:

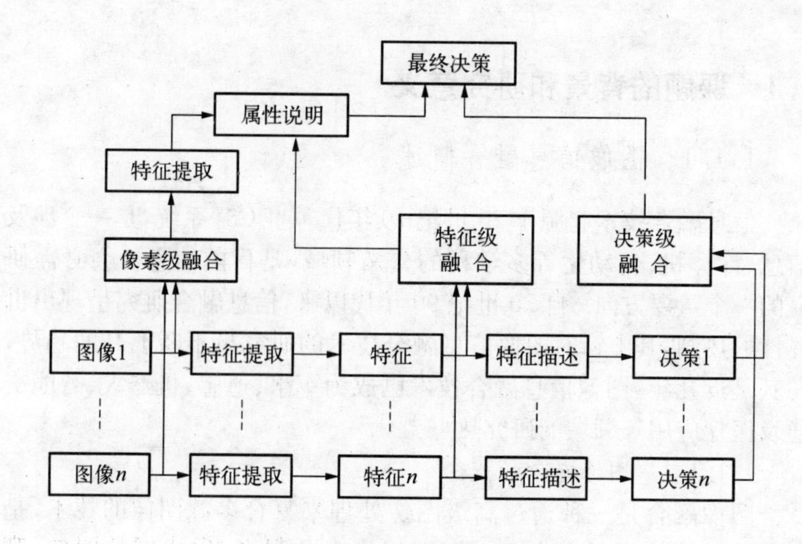

图 1.1 图像融合系统的结构

(2) 图像融合的算法

图像融合技术发展至今,融合方法种类繁多,而且每种图像融合框架都各有其特点,在具体的应用中应根据融合的目的和条件选用[2,6,7]. 本文在现有研究成果的基础上,对其进行了认真的分析和总结,对各个层次的图像融合算法进行了归纳. 具体参见表 1.1.

(3) 图像融合的步骤

图像融合的处理过程一般可以概括为:对图像进行预处理,如图像增强、去噪和配准等;确定图像融合的算法;抽取特征,进行属性分析,如图 1.2 所示.

表 1.1　图像融合算法的归纳

特　点	像素级图像融合	特征级图像融合	决策级图像融合
信息类型	多幅图像	从图像中提取的特征	用于决策的符号和模型
信息的级别	低级	中级	高级
信息模型	含有多维属性的图像或者像素的随机过程	可变的几何图形、方向、位置及特征的时域范围	测量值含有不确定因素的符号
空间精度	高	中	低
时间精度	中	中	低
信息损失	小	中	大
实时性	差	中	好
容错性	差	中	优
抗干扰力	差	中	优
工作量	大	中	小
融合水平	低	中	高
融合方法	小波变换法 IHS 变换法 PCA 变换法 高通滤波法 回归模型法 Kalman 滤波法 加权平均法 数学形态法 模拟退火法 金字塔图像融合法 代数法	Bayesian 法 Dempster-shafer 法 神经网络法 带权平均法 熵法 聚类分析 表决法 联合统计法 广义卡尔曼滤波法	Bayesian 法 Dempster-shafer 法 神经网络法 可靠性理论 基于知识的融合法 模糊集理论 逻辑模板
性能的改善	更好的图像处理效果	压缩处理量、增强特征测量值精度、增强附加特征	提高处理的可靠度或提高结果正确概率

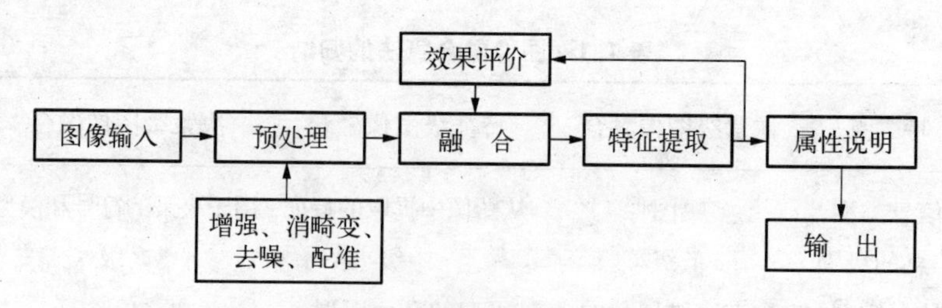

图 1.2　图像融合的步骤

1.1.1.3　图像融合的效果评价

在图像融合的实践过程中,经常会出现下列情况:同一融合算法,用于不同类型的图像,其融合效果将不同;同一融合算法,对同一图像,因感兴趣的区域不同,其效果也将不同. 因此,如何评价图像融合算法的性能是一个非常复杂的问题,但通常应遵循以下原则[8]:(1) 融合图像应尽可能包含各原有图像中的所有有用信息;(2) 融合图像不应出现人为的虚假信息;(3) 原始图像中的噪声应尽量降到最低程度.

到目前为止,对融合效果的评价方法可分为两类:主观的评价方法和客观的评价方法. 主观的评价方法就是依靠人眼对融合图像效果进行主观判断的方法,该方法简单方便,在一些特定的应用中十分可行. 但是,在人为评价的过程中,常常伴随很多影响评价结果的主观因素,所以有必要结合图像融合的客观评价方法. 图像融合的客观评价就是利用图像的统计参数来进行判定. 以下简要介绍常用的评价参数.

(1) 图像的信息熵

图像的信息熵是指图像的平均信息量,其表达式为:

$$I = -\sum_{i=0}^{N} P(i)\log(P(i)) \tag{1.1}$$

其中:$P(i)$为某一像元值 i 在图像中出现的概率,N 为像元值的范围,一般为 0～255.

信息量的增加是图像融合最基本的要求,图像的信息熵是衡量图像信息丰富程度的一个重要指标,因此融合图像的熵越大,其信息量也就越大.

(2) 图像的融合误差

图像的融合误差按以下公式计算:

$$M_F = \frac{1}{n} \sum_{i=0}^{M-1} \sum_{j=0}^{N-1} (g'_{ij} - g_{ij})^2 \tag{1.2}$$

其中,$n = M \times N$, M, N 分别代表图像的行数和列数;g'_{ij} 是融合结果图像在坐标(i, j)处的像素值;g_{ij} 是标准融合图像在坐标(i, j)处的像素值. 融合误差值越小,融合结果越好.

(3) 图像的峰值信噪比、均方误差和平均绝对误差

给定一幅大小为 $M \times N$ 的数字化图像 $f(x, y)$和参考图像 $f_0(x, y)$,设 f_{max}是函数 $f(x, y)$的最大灰度值,分别用 $PSNR$ 表示图像的峰值信噪比,MSE 表示均方误差,MAE 表示平均绝对误差,则:

$$PSNR = 10\lg \frac{f_{max}^2}{\frac{1}{MN} \sum_{x=0}^{M-1} \sum_{y=0}^{N-1} [f(x, y) - f_0(x, y)]^2} \tag{1.3}$$

$$MSE = \frac{\sum_{x=0}^{M-1} \sum_{y=0}^{N-1} [f(x, y) - f_0(x, y)]^2}{MN} \tag{1.4}$$

$$MAE = \frac{\sum_{x=0}^{M-1} \sum_{y=0}^{N-1} | f(x, y) - f_0(x, y) |}{MN} \tag{1.5}$$

(4) 均值与方差

若分别用 μ 和 σ 表示均值与方差,则:

$$\mu = \frac{1}{n} \sum_{i=1}^{n} x_i \tag{1.6}$$

$$\sigma = \frac{1}{n} \sum_{i=1}^{n} (x_i - \mu)^2 \tag{1.7}$$

其中,n 为像素总数,x_i 为第 i 个像素的灰度值,均值反映的是像素的

灰度平均值,均值适中,视觉效果将良好;方差反映的是灰度相对于灰度均值的离散情况,方差越大,则灰度级分布越分散,图像中所有灰度级出现的概率越趋于相等,图像包含的信息量也越趋于最大.

(5) 图像的清晰度

图像的清晰度用梯度法来衡量,图像梯度的计算公式如下:

$$\bar{g} = \frac{1}{n}\sum\sqrt{\frac{(\Delta I_x^2 + \Delta I_y^2)}{2}} \tag{1.8}$$

其中,ΔI_x 与 ΔI_y 分别为 x 与 y 方向上的差分,n 为图像的大小. $\bar{g}$值越大,则图像的清晰度越高.

1.1.2 图像信息融合的研究现状

光学、电子学、数学、计算机技术等学科的发展,以及军事、遥感、医学和工业等方面的应用需求,有力地促进了图像融合技术的发展,同时图像融合技术也为这些应用提供了有效的解决手段,实现了多源数据的优势互补[2,9,10]. 自 20 世纪 90 年代发展至今,在图像融合领域已取得了许多成果[11],但图像融合技术还缺乏统一的理论指导,还有许多问题急需解决,可以说,图像融合技术的研究才刚刚开始.

目前,图像信息融合领域亟待解决的主要问题有[2,5,11]:

(1) 图像融合技术目前还没有建立起一个统一的理论框架,各种融合方法都是针对具体的应用,当应用环境发生改变,其优越性就无法充分显示出来,因此开发能自动调整相关参数和结构的自适应性算法非常重要.

(2) 计算精度、速度和存储量都是图像融合需要解决的关键问题,因此如何得到实时、可靠和稳定的图像融合算法一直是一个重要的研究方向,也是研究的难点.

(3) 图像非结构化信息很复杂,很难用精确的物理模型来描述图像,因此开发能处理这些复杂而不确定信息的图像融合技术就成为当前研究的迫切需要.

(4) 对图像融合的评价是图像融合技术的一个重要环节,因此研究主客观评价标准相结合的融合效果评价方法,也是研究当中一项必不可少的重要任务.

1.1.3 集成计算智能分析

根据图像信息融合的研究现状,不难看出,开发自动的、实时的智能图像融合技术已成为当前研究的一个迫切任务,可以说,智能图像融合技术是图像处理智能化发展的必然趋势,它们能够更好地满足人类的信息处理要求[12~20]. 因此对智能信息处理方法进行研究,从中找出最佳的智能图像融合方法,是当前图像融合技术发展的迫切需要. 针对计算智能的特点,本小节在介绍计算智能基本概念的基础上,对集成计算智能的研究现状进行了认真分析,确立了基于集成计算智能的图像融合技术的研究方向.

1.1.3.1 计算智能

计算智能由美国学者 James C. Bezedeky 于 1992 年在《Approximate Reasoning》学报上首次提出,并给出了计算智能(Computational Intelligence)的定义:计算智能是依据工作者提供的数值化数据来进行计算处理的. 1994 年 IEEE 神经网络委员会在 Orlando 召开了 IEEE 首次国际计算智能大会(World Conference Computational Intelligence),首次将人工神经网络、进化计算和模糊系统三个领域合并形成了"计算智能"这个统一的技术范畴[12].

计算智能是在神经网络、模糊系统、进化计算三个分支发展的基础上形成的,虽然它还是一门新兴的学科,但计算智能一经提出就立即引起了诸多领域专家学者的关注,成为一个跨学科的研究热点,发展相当迅猛,其应用研究近年来以惊人的速度在发展,范围遍及各个工程领域[13~19]. 目前,将神经网络、模糊计算、进化计算、粗集理论和小波分析等非线性计算方法及它们之间的融合统称为计算智能. 计算智能有着传统人工智能无法比拟的优越性,它是基于数值计算和结构演化的智能,是智能理论发展的高级阶段,它的最大特点就是不

需要建立问题本身的精确模型,非常适合于解决那些因为难以建立有效的形式化模型而用传统人工智能技术难以有效解决、甚至无法解决的问题,其特点具体表现为以下四个方面:具有计算的适应性;具有计算误差的容忍度;接近人处理问题的速度;近似人的误差率.计算智能具备了适应和处理新情况的能力,能在信号或数据层直接对输入信号进行处理,因此计算智能在处理多源信息方面有自己独特的优势,将其应用于多源信息融合领域具有很大的发展潜力.

1.1.3.2 集成计算智能的研究现状

虽然计算智能自提出以来已得到了广泛的关注,并取得了一系列丰硕的研究成果,但任何一种理论都有自己的不足和缺陷,参见表1.2.

表1.2 计算智能对比表

计算智能	优点	缺点
神经网络	自学习自组织能力,巨大的并行计算能力,容错,泛化能力强	黑箱模型,难以表达知识
模糊理论	可利用专家经验	模糊规则不易建立,隶属函数难以确定,难于学习
进化计算	对目标函数不要求连续,也不要求可微,仅要求可计算,而且它的搜索始终遍及整个空间,易得到全局最优解	相对鲜明的生物基础,其数学基础极为薄弱,尤其是缺乏深刻且具有普遍意义的理论分析
粗集理论	无需建立模型库,无需任何先验知识,具有信息约简能力	只能处理离散信息
小波分析	具有良好的时频局域性质	难以处理高维信息问题

如表1.2所示,如果计算智能只是单独地被使用,其应用潜力就无法充分地开发出来,所以集成这些计算智能方法,让它们达到优势互补,扬长避短,是研究中的一个重要趋势,具有更广阔的前景,也必将为多源信息融合技术开拓崭新的局面. 以下对目前几种典型的计算智能集成研究进行了论述:

(1) 模糊技术与神经网络相结合是一个新兴的研究领域[21~30]. S. C. Lee 和 E. T. Lee 在 1970 年首先研究了模糊神经的概念[29], Kandel 和 S. C. Lee 利用模糊数学的一些概念和方法,将传统神经元的 McCulloch-Pitts 模型推广为一种模糊神经元模型,以研究那些由于本身的高度复杂性不能准确定义的系统行为[30]. 在 20 世纪 70 年代,几乎没有研究人员从事模糊神经系统的研究,模糊神经网络技术发展非常缓慢,主要原因是研究者未能找到有效的神经网络学习算法,没能设计出有效的模糊逻辑系统. 20 世纪 80 年代,神经网络和模糊逻辑吸引了科技、工程领域众多研究者的注意力,主要原因是找到了多层神经网络的有效学习算法,主要是 BP 算法. 20 世纪 90 年代,模糊神经系统的研究取得了较大的进展,Jang 提出了 ANFIS (Adaptive network based Fuzzy Inference System)的结构,它是用自适应网络实现的一个模糊系统[31]. Carpenter 在 ARTMAP 算法的基础上提出了 Fuzzy ARTMAP 算法,是模糊技术与自适应谐振神经网络理论的结合[32]. 目前,已提出的模糊神经网络有自适应模糊推理神经网络 ANFIS、模糊联想存储器 FAM、模糊 CMAC、模糊 RBF 网络、模糊 Kohonen 网络和模糊 ART 模型. 随着神经网络技术和模糊技术的飞速发展,模糊神经系统已引起了越来越多人的兴趣,因为它比单纯的神经网络和模糊技术更加有效[27].

(2) 许多学者对基于进化计算的神经网络进行了研究,现已在众多领域得到应用,如模式识别、机器人控制、财政预测等,并取得了较传统神经网络更好的性能和结果[33~35]. 但从目前的应用来看,还主要限于小规模问题. 这方面的研究还处于初期阶段,理论方法有待于完善规范,应用研究有待于加强和提高,如目前的研究多基于具体事例,还没形成一般性的方法体系;计算量较大,进化程度需进一步提高,尤其是并行进化计算方法应受到重视;进化计算理论本身(如编码表示方法、遗传算子、种群收敛性和多样性等)有待于进一步完善和发展;神经网络与进化计算相结合的其他方式也有待于进一步研究和挖掘. 随着网络规模的扩大和复杂度的提高,基于进化计算的神

经网络将显示出更强的优越性. 近年来,越来越多的研究人员正在从事神经网络与进化计算相结合的研究工作,从而开辟了新的进化神经网络研究领域. 可以说它是神经网络与进化计算的跨学科结合的产物,尽管它的思想都萌芽于20世纪中叶,但二者的结合却是20世纪末的事情. 人们想通过研究进化神经网络更好地理解学习与进化的相互关系,并且这一主题已成为人工生命领域中十分活跃的课题[35,36]. 进化神经网络的主要研究内容为:如何对神经网络的结构进行编码,即网络参数编码的确定,包括选择待编码的参数、为各参数分配串长、定义串值与参数值之间的映射关系等. 纵观神经网络与进化计算结合的研究现状,不难看出,在将来工作中,应综合考虑以下几方面的问题:1) 如何发展出一种新颖的编码方法,使之不仅能编码网络结构,同时也能编码学习规则;2) 如何提高遗传算子对构造新型网络的适应性;3) 如何妥善改进适合度评价函数,过于单一的适合度函数无法提高网络整体性能,因而只有从学习速度、精度、泛化能力以及网络的规模和复杂性等方面综合权衡,方能提高整体质量.

(3) 粗集与神经网络的集成,已引起了许多学者的关注. 这些集成系统在连续属性量化与地质样品分类,语音识别,网络设计,时间序列分析,企业风险评估,医疗诊断等诸多领域得到了初步应用,取得了一些成果[37~51]. 如陈遵德提出了 Rough Set 神经网络智能系统,这是粗集理论和 BP 神经网络结合最简单的形式[52]. Jelonek 等人研究了粗集作为神经网络预处理的二维约简方法,实验表明,这种数据预处理方法能使网络的训练速度提高4.72倍[53]. 粗集和神经网络的强耦合方式的典型例子是 Mohua 等人提出的一种用于语音识别的粗模糊 MLP(multiplayer perception)[54]. 但从总体看,仍未形成统一的理论体系,许多问题亟待深入研究,总结以往的研究现状,粗集和神经网络集成的研究还存在以下问题:1) 粗集和神经网络的集成模型的认识论基础;2) 知识的表示形式和神经网络的构造;3) 如何均衡易构造性;4) 集成平台的开发及实用性.

(4) 小波理论与神经网络的集成,已成为近些年来信号处理学科

的热点之一. 最早研究小波分析与神经网络的联系的是 Pati 和 Krishnaprasad,他们提出了离散仿射小波网络模型,其思想是将离散小波变换引入神经网络模型,通过对 Sigmoid 函数的平移伸缩构成 $L^2(R)$中的仿射框架,进而构造小波神经网络[55]. 1992 年,法国著名的信息科学研究机构 IRISA 的 Zhang Qinhua 等明确提出了小波神经网络的概念和算法[56]. 其基本思想是用小波元代替神经元,即用已定位的小波函数代替 Sigmoid 函数作为激活函数,通过仿射变换建立起小波变换与网络系数之间的连接,并应用于逼近 $L(R^n)$中的函数 $f(x)$. 小波神经网络是近年来神经网络研究中的一个新的分支,是结合小波变换理论与神经网络的思想而构造的一种新的神经网络模型,它结合了小波变换良好的时频局域化性质及神经网络的自学习功能,因而具有较强的逼近能力和容错能力. 小波网络是小波理论和神经网络理论相结合的产物,它最初应用于函数逼近和语音识别. 随后其应用领域逐渐推广到非参数估计,天气预报,多属性决策,故障诊断与检测,系统辨识,数据压缩等[57~67]. 虽然小波分析理论和神经网络理论为小波网络的研究应用提供了坚实的理论基础,但小波网络的理论研究毕竟刚刚起步,迄今还存在许多有待解决的问题:1) 如何有效的利用小波分析理论及其相关理论来优化网络结构,有待研究;2) 小波基函数的选取问题. 如何根据实际情况来选取合适的小波基函数使网络处于最佳效果也是一个很重要的问题;3) 小波包有优于一般小波分析之处,它可以同时在高频和低频部分进行分解,自适应地确定信号在不同频段的分辨率,因此将小波包和神经网络结合形成小波神经网络也有研究价值;4) 对于小波神经网络的收敛性,鲁棒性,计算复杂度等的理论研究还有待深入.

(5) 模糊理论与遗传算法的结合. 遗传算法的主要特点是群体搜索策略和群体中个体之间的信息交换,搜索不依赖于梯度信息. 它尤其适用于处理传统搜索方法难以解决的复杂和非线性的问题,可广泛用于组合优化、机器学习、自适应控制、规划设计和人工生命等领域[33~34]. 而模糊系统在自学习、自适应性,以及推理规则的提取和

优化上均存在着缺点和瓶颈,因此,许多学者将模糊理论和遗传算法进行结合,取得了良好的效果,这方面的成果主要表现在:使用遗传算法对模糊系统的参数进行寻优,使用遗传算法研究模糊规则的优化及隶属度函数的调整等[68].

(6) 模糊理论和粗糙集理论的结合. 模糊理论和粗糙集理论在处理不确定性和不精确性问题方面都推广了经典集合论,它们都可以用来描述知识的不精确性和不完全性,但它们的出发点和侧重点不同[68]. 虽然模糊理论和粗集理论的特点不同,但它们之间有着很密切的联系,有很强的互补性. 粗糙集与模糊集理论结合的模糊粗集和粗模糊集既具有粗集处理知识的广泛性,也有模糊集严格的不确定定量分析,将模糊集合中的隶属度看作粗糙集理论中的属性值,用极小算子连接模糊隶属函数与上下近似集合描述了模糊事件的可能性程度和必然隶属度,弥补了粗糙集理论描述属性集合中的不足,大大降低了信息处理的维数和特征计算[69~72].

在集成模糊逻辑、进化计算、神经网络和符号计算等方面,国外已做了大量的工作,虽然集成计算智能尚未应用到图像融合领域中,但已预示了光明的前景.

近几年,国内外有些学者还对三种计算智能的结合进行了探索性工作,如模糊进化神经网络的提出,并已应用到玻璃熔窑和煤气发生炉建模当中[23]. 总之,任何研究,如果只单纯依赖某种理论和技术是不现实的. 由单个的计算智能转向计算智能的结合,是智能科学向生物智能方向发展的必然趋势. 将模糊理论、粗集理论、神经网络、进化计算和小波理论等计算智能集成,充分利用这些交叉学科的研究成果,将模糊逻辑、神经网络、进化计算、粗糙集理论和小波变换等计算智能技术有机地结合起来,是一个很重要的发展趋势,必将具有更加广阔的前景,也必将为信息融合技术开拓一个崭新的局面.

1.1.4 基于集成计算智能的图像信息融合分析

在图像信息融合中,由于图像信息本身的复杂性和它们之间有较

强的相关性，在处理过程中的各个不同层次会出现不完整性和不精确性、非结构化问题，以及建模困难等，将集成计算智能信息处理的方法应用于图像的融合，具有比传统计算方法(即使用精确、固定和不变的算法来表达和解决问题)更好的结果，能够综合各自的优点，而将两者的缺点互相抵消，组成一个融合的智能系统，从而拓展它们原有的功能，因此它是有巨大发展潜力的智能图像信息融合方法．例如：

(1) 模糊理论与神经网络结合，既能处理精确信息，又能处理模糊信息，而且能克服模糊规则和隶属函数不易确定的缺点，拓宽神经网络处理信息的能力，使其既能处理精确信息又能处理模糊信息．应该说将模糊技术与神经网络进行有机的结合，是一种必然的发展趋势，成为当前的一个重要的研究“热点”．

(2) 遗传算法与神经网络结合，可以使神经网络系统扩大搜索空间、提高计算效率以及增强神经网络建模的自动化程度．

(3) 遗传算法与模糊逻辑结合，两种技术都比较适合于处理非线性系统和复杂数据，将两者结合起来在效率和速度上均有明显的提高，1989 年，Charles Karr 首先提出了一系列的基本概念并做了许多开创性的工作[73]，目前研究的重点主要为用遗传算法改进模糊逻辑控制器．

(4) 粗集和神经网络结合，两者都是处理不确定，不完全信息的计算智能方法，两者都已在决策支持和知识获取等领域取得了很大的成功并得到初步应用，但两者都有局限性，同时在许多方面有互补性，因此粗集和神经网络的集成成为当今智能混合系统的一个重要分支，或许也是开发下一代专家系统的主流技术．

(5) 小波和神经网络结合，这方面的研究已成为信号处理学科的热点之一．小波分析具有良好的时频局部性质，而神经网络具有自学习功能和良好的容错能力，将二者结合必将具有强大的优势．

1.1.5 基于集成计算智能的图像信息融合技术在医学中的应用

医学图像融合是图像融合极其重要的应用领域，将性能互补的

智能化算法集成应用于医学图像融合领域，许多悬而未决的难题必将迎刃而解，从而大大促进医学图像融合技术的发展.

1.1.5.1　医学图像信息融合的研究现状

医学图像融合技术是 20 世纪 90 年代中期发展起来的一项高新技术，是信息融合技术的一个极具特色的应用领域，也是当前国内外研究的热点之一[74~77]. 其意义在于分别提供解剖结构信息（包括 X 线透射成像、CT、MRI、DSA 以及各类内窥镜获取的序列图像等）和新陈代谢功能信息（包括 PET、SPECT、fMRI 等）的不同医学图像的综合整体信息大于各部分信息之和，但是由于不同医学成像设备所成图像的质量、空间与时间特性都有很大的差别，因此医学图像融合需解决的关键性问题就是要确保多源图像在空间描述上的一致性、完成相关图像的配准、建立典型图像数据的数据库以及提高对融合信息的理解能力.

医学图像融合技术到目前为止共经历了三个阶段[74~76]，如表 1.3 所示：

表 1.3　医学图像融合发展的三个阶段

原始阶段Ⅰ	图像融合阶段Ⅱ	设备整合阶段Ⅲ
利用视觉和经验，发挥医生的想象力，将不同来源的图像在大脑皮层里融合	利用计算机技术，将不同来源的图像经过对位和配准，叠加显示出来	将不同类别的影像设备安装在同一机架上，在保持病人体位不变的条件下完成两种检查

如表 1.2 所示，图像融合技术发展至今，它的实时性、自动化程度以及功能性都比以前有了大幅度的提高，但由于人体固有的一些因素，比如骨骼肌的颤动、平滑肌的收缩、血管搏动等引起的移位目前还没有很好的解决办法，还无法解决此种情况下不同图像的匹配问题，因此目前的医学图像融合还不是真正意义上的实时图像融合. 随着科学技术的发展，可以推测医学图像融合的第四个阶段将是智能

化实时图像融合阶段，也就是将机架、采集、处理和显示系统融为一体，在这个阶段，医学图像融合的自动化程度、精度及速度都将有非常大的提高，可以满足临床需要，必将得到广泛的关注[78~83]．

医学图像融合方法的研究进展非常迅速．目前，融合方法可以分为基于层面的二维融合方法和三维融合方法．二维融合方法分为：直接融合法、邻近显示法和特征选择融合法．直接融合法对需融合的图像直接进行加、减、乘、加权或采样运算；邻近显示法容易实现、直观、常用，但是仅有少部分信息参与集成，许多有意义的特征都被非诊断信息掩盖或模糊；特征选择融合法把多幅图像中感兴趣的区域进行有效的集成，但需要人为参与图像分割、提取感兴趣区域，不是全自动的融合方法．三维融合方法分为：半三维融合和表面纹理化及表面映射，三维融合技术目前尚在进一步研究中，在临床中应用得较少．

医学图像融合技术是一个很有发展前途的诊断工具，这个工具能进行疾病的早期诊断、检测和提高治疗效果，能帮助医生对疾病有一个更加现实、更加定量的认识[74~83]．当前的应用热点主要表现在以下两个方面：

(1) 虚拟手术

虚拟手术(Virtual Surgery)是近年来随着计算机技术的发展而出现的新兴交叉学科．一般用于虚拟手术的数据来自病人自身，在计算机上看到的组织结构、位置尺寸以及与周围器官的毗邻关系都同真实情景相似．同时，它又同真实的手术操作不同，医生可以随意进行虚拟解剖操作，而不必担心会对受检者造成任何损伤．因此，虚拟手术在辅助医生对疾病的诊断和手术方案的制订上具有重要的临床应用价值．但是，当前国际上有关虚拟手术的研究还存在不少的难题亟待解决，其中之一就是虚拟手术中的信息量不足，表达方式不充分．解决这一问题的方法之一就是进行图像的融合，这样就丰富了虚拟手术的信息量，尤其是在形态学与功能信息的表达方面．

(2) 手术导航

手术导航系统是计算机技术、立体定向技术和图像处理技术结合

发展的产物,它的基本配置包括:图像工作站及处理软件、位置探测装置、专用手术工具和手术工具适配器. 适应微创外科的需要,手术导航系统现已广泛应用于神经外科、骨科、耳鼻喉科的手术当中. 在计算机技术和图像处理技术日益发展的带动下,手术导航系统也出现了许多新技术新发展,其中之一就是影像融合技术,融合的水平直接影响着系统的性能. 手术导航系统问世的10多年来,其发展速度惊人. 目前已成功实现与功能性影像(如fMRI等)的融合,以便在手术中确定脑部各功能区避免损伤,并且正向心脏外科乃至人体任意部位导航方向发展. 展望未来,手术导航系统将向具有多信息融合技术功能的智能机器人导航方向发展,具有多源信息融合功能的机器人导航使得手术导航系统不再只是一种辅助工具,而能够独立完成外科手术的系统.

尽管医学图像融合有着这么多的优点,但是当前采用这项技术的医院却不多. 这是因为有如下的限制因素:

(1) 在硬件和软件方面需要大量的投资;

(2) 融合过程需要较多的时间(10到45分钟);

(3) 新的三维可视化技术需要将结果发送给临床医生;

(4) 图像校对和融合工具仍需发展;

(5) 需要可以方便地将CT,MRI和PET等数据集传送到普通的图像工作站.

到目前为止,许多学者对医学图像融合技术进行了大量的研究,提出了许多解决方案[67,68],但仍有许多问题值得探索:

(1) 医学图像异常复杂,尤其功能图像比较模糊,在处理过程中一定要抓住医学图像的主要特征,分析它们之间深层次的相关性.

(2) 当前对医学图像融合的研究重点已开始由线性研究向非线性研究转移,由人工、半自动化向自动化、智能化方向发展,要及时调整研究方向.

(3) 医学图像融合要融合什么信息,尤其如何理解融合结果,要多听取有关医学专家的意见.

总之,医学图像融合技术只有在实际应用中才能体现其优越性,

也只有在实际应用中才能得到不断的完善.

1.1.5.2 基于集成计算智能的医学图像信息融合分析

鉴于医学图像融合自动化、实时化、智能化的发展需要以及越来越多的学者开始关注智能图像融合方法的研究的现状,本节重点讨论智能图像处理技术在医学图像融合中的应用[75~84]. 以下对这方面的研究及应用进行了归纳:

(1) 神经网络

神经网络理论是近年来人工智能的一个前沿研究领域. 自 1943 年第一个神经网络模型——MP 模型被提出至今,神经网络的发展十分迅速,在语言识别、图像处理和工业控制等领域的应用颇有成效[85]. 神经网络适合于非线性建模,具有自学习、自组织、自适应能力,且精度较高,对于不同的对象建模有良好的通用性和灵活性,但结构复杂,不适合作为复杂系统优化求解方法的稳态模型. 在医学图像配准当中,M. P. Wachowiak 等利用神经网络技术来获取与曲面变换相关的函数,而 S. Banerjee 等并利用 Hopfield 模型来找出配准图像中对应的特征[86~89]. 在图像融合当中,一种被称为基于知识的神经网络(knowledge-based neural network fusion)方法用来融合原始图像的边缘图像,从而生成一幅比从任何单一原始图像获得的边缘信息更完整和更可靠的边缘图像[90]. 也可以用一种基于 SOFM(Self-Organizing Feature Map,自组织特征匹配)网络的方法进行图像融合,它先对原始图像进行滤波处理,然后用多个 SOFM 网络分别对每幅滤波后的图像进行像素聚类,最后融合聚类后的图像得到融合图像[91].

(2) 小波理论

自 1986 年以来,关于小波分析的理论、方法和应用的研究一直是热门课题,为信号分析、图像处理、量子物理及其他非线性科学的研究领域带来了革命性的影响. 在图像处理领域,小波变换生成的是图像数据的多分辨率表示,即使在低分辨率下也保留了原始数据的绝大部分重要特征,而且在突出强的特征时可以压制或削弱高分辨率下较弱的特征. 应用这些多分辨率的数据,采用由粗到细的参数搜索

和优化策略，开始时在低分辨率下搜索，然后在较高分辨率下优化和校正，这样可以大大减少搜索的范围，加快配准的速度. Fonseca和Manjunath提出了利用图像灰度和小波变换极大模的多分辨率图像配准方法[92]；Pinzon提出了一种基于点匹配的自动小波配准技术[93]. 小波应用技术已成为近年来研究的热点，它目前存在的主要问题有：特征匹配规则不完善；如何选择合适的用于特征提取的小波基；优化搜索运算量大.

(3) 进化计算

20世纪60年代Fogel等提出进化程序思想，到80年代后期，进化计算成为十分热门的研究课题[94]. 进化计算实质上是自适应的机器学习方法，它的核心思想是利用进化历史中获得的信息指导搜索或计算. 进化计算的主要优点是简单、通用、鲁棒性强和适于并行处理，目前进化计算已广泛用于最优控制、符号回归、自动生成程序、发现博弈策略、符号积分微分及许多实际问题求解，它比盲目的搜索效率高得多，又比专门的针对特定问题的算法通用性强，它是一种与问题无关的求解模式. 总之，进化计算不论从理论上还是实际应用上，都为我们提供了一个新的研究领域. 在医学图像的配准和融合应用当中，已利用进化计算来搜索转换参数：R. He、D. L. G. Hill、T. Butz和G. K. Matsopoulos等分别利用遗传算法和模拟退火算法来找出刚体、仿射、投影和曲面变换的参数[95,96]；而H. Chuid等利用确定性退火算法来找出仿射变换的参数[97,98].

(4) 模糊集理论

模糊集理论由著名控制论专家L. A. Zadeh于1965年提出[99]. 几十年来，模糊数学从理论上逐步完善，应用日益广泛，涉及聚类分析、图像处理、模式识别、自动控制、人工智能、地质地震、医学、航天航空、气象、企业管理和社会经济等很多领域，取得了众多成果. 近年来，模糊理论已开始应用到数据融合领域，因为模糊理论提供了一种有效表述不确定性和不精确性信息的方法，从而可以对数据融合问题中的大量不确定性数据建立相应的数学模型；同时，模糊集理论可以数字化地

处理知识，以类似人的思想方式来构造知识，因此具有运算清晰和容易理解的优势. 在医学图像的配准应用中，G. Berks 等利用模糊理论来合并转换过程中的知识和一致性[100]，B. P. F. Lelieveldt 等利用模糊理论来对要配准的特征进行选择和预处理[101].

(5) 粗集理论

Rough set 理论是波兰数学家 Z. Pawlak 在 20 世纪 80 年代初提出的[102]，它是一种处理含糊和不精确性问题的新型数学工具. Rough 集理论不仅为信息科学和认知科学提供了新的科学逻辑和研究方法，而且为智能信息处理提供了有效的处理技术. 由于 Rough 集理论具有对不完整数据进行分析、推理，并发现数据间的内在关系、提取有用特征和简化信息处理的能力，所以利用 Rough 集理论对信息进行融合是一个值得探讨的课题. 目前，粗集理论已被 S. Hirano 和 S. Tsumoto 用来找出医学图像时间序列当中的对应点[103].

综上所述，包括小波理论、进化计算、神经网络、模糊集理论和粗集理论等在内的智能计算方法近些年已被应用到医学图像处理领域，用来解决与配准和融合相关的一些任务，但由于这些计算智能只是单独地应用，所以计算智能的应用潜力并没有被充分开发出来. 如果将这些计算智能集成起来使用，就能打开计算智能在医学图像融合领域中新的应用之门，从而解决许多具有挑战性的问题：

1) 开发出人机交互的，智能化程度更高的优化算法；

2) 开发出能区别组织形状是否改变和能自动辨别刚体及非刚体结构的算法；

3) 实现实时处理、高精度、高速度的医学图像融合.

1.2 研究内容与创新点

1.2.1 研究内容

在图像融合领域引入集成计算智能是智能图像处理技术的一个重要方面，本文根据图像融合的特性，主要分以下几个方面对基于集

成计算智能的图像信息融合技术进行了讨论和研究：

第一章，论述了图像信息融合的概念、理论、方法、效果评价及研究现状；介绍了计算智能的概念，并论述了集成计算智能的研究现状；在对国内外研究现状和发展态势进行了全面调研的基础上，提出了基于集成计算智能的图像信息融合研究方向，并将其应用于医学图像处理领域；阐述了本文的研究内容及创新点.

第二章，针对传统滤波器不能同时滤除正负脉冲噪声的缺陷，构建了神经模糊去噪模型，实现了正负脉冲噪声的自适应去除. 实验获得了比中值滤波法更好的去噪效果，证明了它的有效性；针对图像边缘的模糊性和不可分辨性，利用模糊粗集理论，提出了基于模糊粗集的图像边缘提取方法，论述了该方法的合理性和可行性，扩展了模糊粗集理论的应用范围.

第三章，论述了模糊神经网络的基本理论，包括它的定义、分类、结构模型、学习算法及训练流程；论述了模糊神经网络信息融合理论的原理及关键技术；针对含噪图像信息的模糊性，提出了基于模糊神经网络的图像信息融合方法：首先建立了用于图像信息融合的模糊神经网络结构模型并论述了其学习算法；在此基础上进行了性能仿真，验证了所建网络的稳定性和有效性；最后，通过对多幅含噪图像的融合实验及与神经网络融合图像的对比分析，证明了该方法在应用上的优越性和理论上的正确性.

第四章，阐述了小波神经网络的数学基础、模型及学习算法；针对具有较强互补信息的图像，利用小波神经网络良好的分类及图像识别性能，构造了用于该类图像融合的小波神经网络，提出了基于该小波网络的图像融合方法. 首先在网络内部通过小波分析提取图像的特征系数，然后计算特征系数的能量，并将其作为下一级分类网络的特征输入矢量，最后通过融合特征矢量实现了图像的融合. 实验中，还将小波包分解法与小波变换法进行了对比分析，融合效果显示，小波包在提取特征系数方面优于小波变换法，这与理论相吻合.

第五章，论述了粗神经网络的基本概念；从图像信息不可分辨性

及近似处理的角度,提出了基于粗神经网络的图像信息融合方法:首先构建了用于图像融合的粗神经网络模型;然后论述了模型的学习算法并做了性能仿真;最后通过四组图像的融合实验验证了它的有效性. 在融合过程中,利用 Microsoft Visual FoxPro 6.0 开发平台,实现了图像融合的界面化操作.

第六章,总结了本文的主要研究内容和研究成果,并对第三章～第五章所采用的三种融合方案作了比较;对后续研究工作做了展望.

1.2.2 创新点

本文在理论和应用方面的创新主要体现在以下五个方面:

(1) 构造了神经模糊去噪模型,实现了正负脉冲噪声信号的自适应聚类修正,并达到了去噪的目的. 该方法克服了传统滤波器不能同时去除正负脉冲噪声的弊端,具有良好的适应性和鲁棒性.

(2) 基于图像边缘信息的模糊性及不可分辨性,利用模糊粗集理论,推导了图像边缘信息的模糊粗集定义,并最终实现了非刚性图像的边缘提取,为边缘提取提供了新思路.

(3) 针对含噪图像信息的模糊性,构造了用于含噪图像融合的模糊神经网络模型,提出了基于模糊神经网络的图像信息融合方法. 该方法对含噪图像像素进行了自竞争的模糊聚类,既处理了含噪图像的精确信息,又处理了含噪图像的模糊信息. 实验及分析表明该方法优于神经网络法.

(4) 针对信息互补型图像,提出了基于小波神经网络的图像融合方法,在网络内部实现了能量特征的提取、输入及分类,最终实现了图像的特征融合. 该方法利用了小波神经网络模型良好的分类和图像识别性能,体现了一种新的图像融合思想.

(5) 从图像信息的近似性及不可分辨性出发,利用粗神经元,提出了基于粗神经网络的图像融合方法,实现了四类图像的像素级融合. 在融合实验的过程中,利用 Microsoft Visual FoxPro 6.0 开发平台,实现了该方法融合过程的界面化操作.

第二章　基于集成计算智能的图像信息融合预处理

在图像融合前，都必须对图像进行预处理，比如增强、除畸变、去噪、配准等，这些预处理将直接影响到图像融合的质量和效果. 本章抓住图像融合预处理的两个关键环节：去噪和配准，首先利用神经模糊理论[104~113]构造了神经模糊去噪系统；然后结合模糊粗集理论，提出了适用于图像边缘配准的边缘提取方法，实验证实了上述方法的有效性.

2.1　基于神经模糊理论的图像去噪

2.1.1　引言

一般意义上，噪声在理论上可定义为不可测的、只能用概率统计方法来认识的随机误差，也可以理解为妨碍人的感觉器官对所接收的信息源信息理解的因素. 图像噪声按其来源可分为加性噪声、乘性噪声、量化噪声、椒盐噪声等；按噪声的性质可分为高斯噪声（白噪声）和脉冲噪声两类. 在成像过程中，图像不可避免地要受到噪声污染，这些噪声不仅破坏了图像的真实信息，还严重影响了图像的视觉效果，从而影响图像分析的精度和结果. 如本文第 1.1.1.2 节所述，对图像融合而言，如果对失真变质的图像直接进行融合必然导致图像噪声融入融合结果，造成图像融合结果不理想，因此在融合前要尽量减少噪声的影响. 研究去噪算法成为图像融合前必不可少的一项重要任务，如图 2.1 所示.

在去噪的研究领域，传统的算法有：自适应滤波器法、中值滤波法、统计方法、小波分析和神经网络法[113~116]，这些算法在去除噪声的

同时，通常也造成了细节信息损失，使得图像模糊. 尤其是对于脉冲噪声，虽然传统滤波器可以用于滤除脉冲噪声，但它们均不能同时滤除正的和负的脉冲噪声[117]. 本文将神经模糊理论引入图像去噪研究，在图像融合的预处理过程中，针对受正负脉冲噪声污染的图像，提出了一种基于神经模糊理论的图像去噪方法，即通过构造神经模糊模型，来分别实现对正脉冲噪声和负脉冲噪声的聚类，最后进行叠加修正，从而达到去噪的目的.

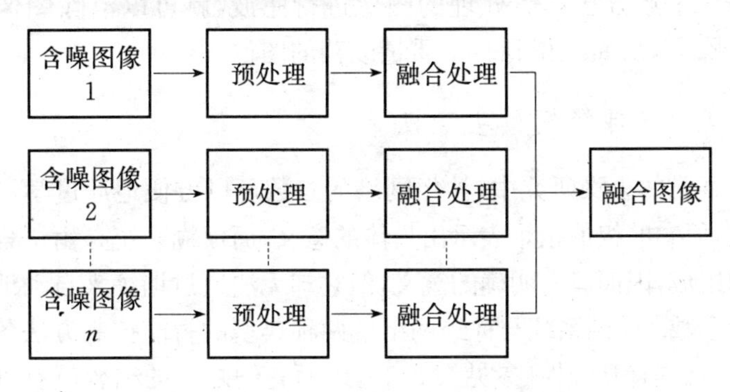

图 2.1　图像融合原理图

2.1.2　常规脉冲噪声去除法

对于去除脉冲噪声，传统的非线性滤波器中应用最多的是中值滤波. 中值滤波在滤除脉冲噪声的同时，能在一定程度上较好地保留信号的边缘细节信息，从而改善图像融合的最终结果，所以在图像融合的预处理过程中一般选用这种方法.

对于一个 $M \times N$ 的二维图像 G，任意像素点 (m, n) 处的灰度值为 $p(m, n)$，假设各个像素 $p_1, p_2, \cdots, p_k$ 的权值分别为 $w_1, w_2, \cdots, w_k$，$B_{wk}(p_1, p_2, \cdots, p_k)$ 表示中值滤波函数，$Med(p)$ 表示取中值，那么：

$$B_{wk} = Med(p) \tag{2.1}$$

其中，$p=\left\{\underbrace{p_1,\cdots,p_1}_{w_1},\underbrace{p_2,\cdots,p_2}_{w_2},\cdots\underbrace{p_k,\cdots p_k}_{w_k}\right\}$

$$Med(p)=\begin{cases}p_{(\sum_{i=1}^{k}w_i+1)/2}, & \sum_{i=1}^{k}w_i \text{ 为奇数；}\\ (p_{(\sum_{i=1}^{k}w_i)/2}+p_{(\sum_{i=1}^{k}w_i+2)/2})/2, & \sum_{i=1}^{k}w_i \text{ 为偶数}\end{cases}$$

按照上述方法对需处理的图像进行滤波，就可以消除图像中的大部分噪声，从而能得到一个质量改善的图像.

2.1.3 神经模糊去噪法

在通常的去噪研究中，神经网络的参数可以方便地通过学习算法来确定，但它的权值很难表示出具体的意义；而模糊系统是由语言形式的规则组成，因而具有明确的意义，但它却无法通过训练来自动地确定自己的参数. 模糊系统与神经网络这两种典型的智能控制方法各有优缺点，并且具有互补性(参见表 2.1)，因而它们之间的结合就有可能弥补各自的不足，从而获得鲁棒性能好的去噪算法，达到去噪的高效率.

表 2.1 模糊系统与神经网络的比较

属　性	模糊系统	神经网络
推理机制	模糊规则的组合、启发式搜索、速度慢	学习函数的自控制、并行计算、速度快
自然语言	实现明确，灵活性高	实现不明确，灵活性低
自适应性	归纳学习，容错性低	通过调整权值学习，容错性高
优　点	可利用专家的经验	自学习自组织能力，容错，泛化能力
缺　点	难于学习，推理过程模糊性增加	黑箱模型，难于表达知识

2.1.3.1　去噪算法

关于神经模糊的基本理论,很多书籍与文献都做了比较详细的论述[96-104],所以本节在此不再赘述. 下面着重论述本文建立的去噪神经模糊系统.

图 2.2 所示是本文根据图像去噪的特点而构建的神经模糊去噪网络,网络的第一层为输入层:输入各个像素点的像素值;第二层为模糊化层:采用 Gauss 隶属函数;第三层为聚类层:聚类利用 Matlab 模糊聚类工具箱来完成,其中 Q_A 为正噪声的聚类结果,Q_B 为负噪声的聚类结果;最后是结果输出,以修正项形式 ΔQ 表示,图中的正号和负号分别表示对正噪声和负噪声的处理. 该网络过程是一个递归的过程,也就是说每一次回归的结果都以 $p'(m, n) = p(m, n) + \Delta Q$ 的形式赋值给了 $p'(m, n)$,这样的过程将持续到整个处理完成. 设含噪图像的灰度级为 L,含噪图像的像素点(m, n)处的像素值为 $p(m, n)$,其邻近的各个像素点的像素值用 $p_i(m, n)$表示(图 2.3). 为了在去噪的过程中尽量保留图像的有用细节信息,本文规定:

$$0 \leqslant p(m, n) \leqslant L-1;\ 0 \leqslant p_i(m, n) \leqslant L-1.$$

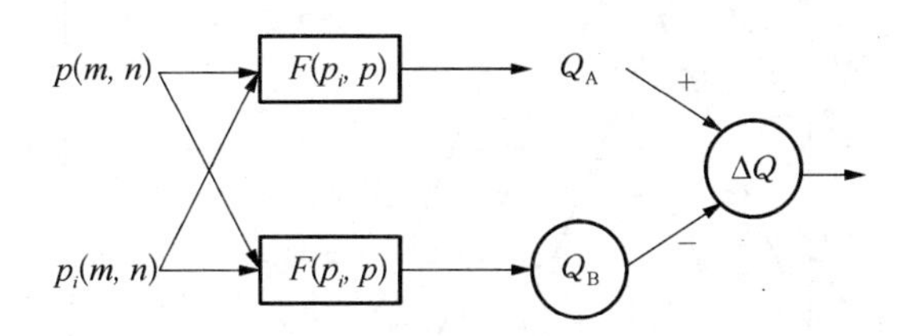

图 2.2　神经模糊去噪结构图

$p_1(m, n)$	$p_2(m, n)$	$p_3(m, n)$
$p_8(m, n)$	$p(m, n)$	$p_4(m, n)$
$p_7(m, n)$	$p_6(m, n)$	$p_5(m, n)$

图 2.3　中央像素点及邻近的像素点示意图

本文模糊化层的 Gauss 隶属度函数，表达式如下：

$$F(p_i, p) = e^{-\frac{(p_i - p - c)^2}{2s^2}}, \quad 0 \leqslant F(p_i, p) \leqslant 1 \tag{2.2}$$

其特性如图 2.4 所示，当 c 变化时，曲线形状不变，只有左右的平移；当 s 增大时曲线变宽.

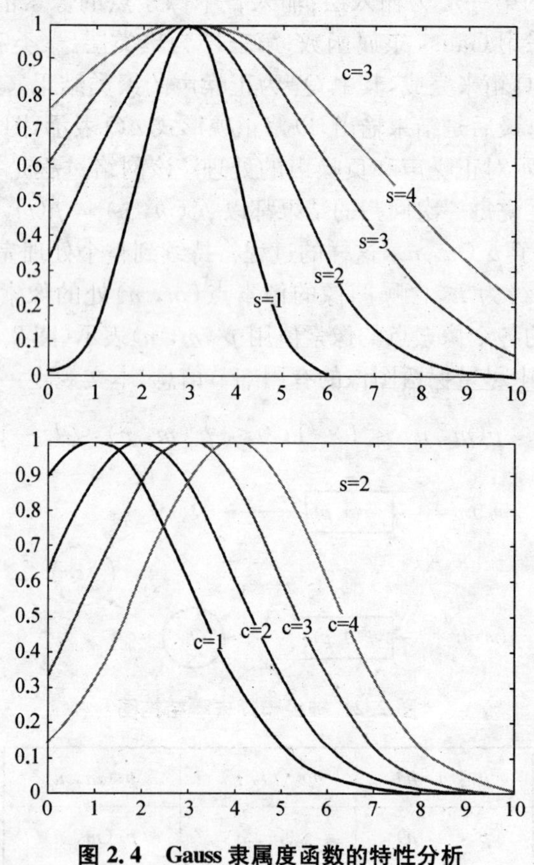

图 2.4 Gauss 隶属度函数的特性分析

2.1.3.2 实验

本文选用了一幅医学 MRI 磁共振图像(如图 2.5)来进行加噪去

噪实验,实验时在原图像上叠加噪声密度为 0.2 的脉冲噪声,再分别用前面论述的中值滤波法(中值滤波法选用的权值如图 2.5)和神经模糊法进行去噪处理,其结果如图 2.5 所示:

1	1	1	1	1
1	2	2	2	1
1	2	3	2	1
1	2	2	2	1
1	1	1	1	1

(A) 加权系数

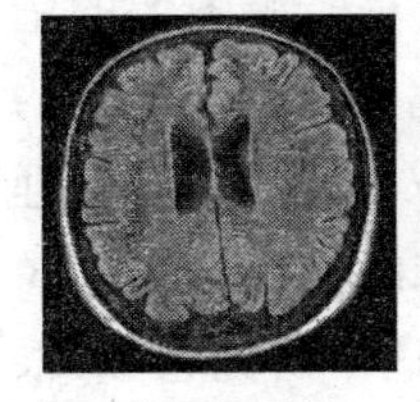

(B) MRI图像

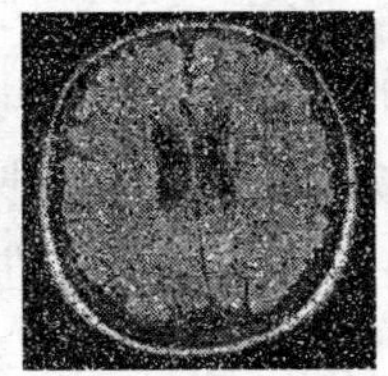

(C) 加噪图像 (PSNR=14.08)

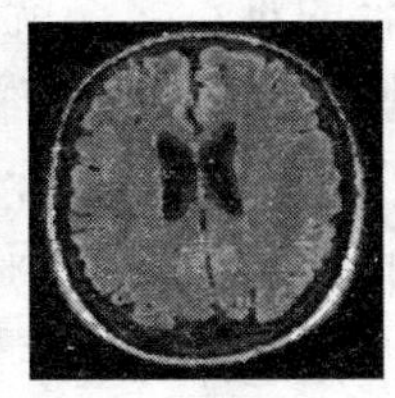

(D) 中值滤波 (PSNR=18.74)

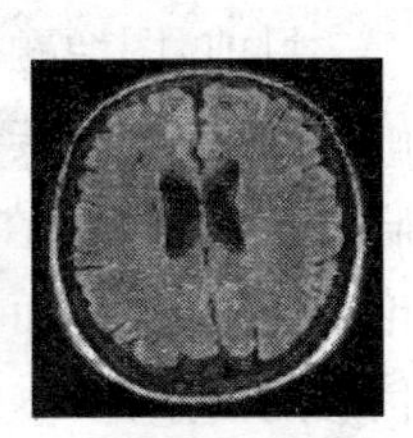

(E) 神经模糊法 (PSNR=19.18)

图 2.5　加噪去噪实验

2.1.3.3　结果讨论

针对已处理完的图像,本文分别计算出了它们的峰值信噪比、均方误差和平均绝对误差. 设信噪比为 S/N,它通常被表示为 $10\lg(S/N)$分贝(dB),根据计算:0.001 dB～1.000 2(S/N),也就是说,小数点后面第三位数字对信噪比的影响已经很小,所以本文的计算结果只保留小数点后两位有效数字,参见表 2.2.

从表中可以看出,中值滤波后的峰值信噪比为 18.74,而采用本文方法得到的峰值信噪比为 19.18,在同样条件下,本文获得了比中值滤波法更好的去噪效果,为以后的图像融合奠定了比较好的基础,也为以后的去噪研究提供了一种有效的手段.

表 2.2　图像性能对比表

图　像	峰值信噪比 PSNR(dB)	均方误差 MSE(dB)	平均绝对误差 MAE(dB)
C	14.08	2 540.40	14.87
D	18.74	868.43	9.30
E	19.18	786.17	8.54

2.2　基于模糊粗集理论的图像边缘提取

目前,图像融合的难点之一就是无法完全实现对多源图像的精确配准,这会直接影响到图像融合的最终结果,因此开展图像配准的研究相当重要. 在图像配准的研究方面,国内外已取得了相当多的理论和应用成果,而且方法各异、种类繁多. 因为配准的复杂性和图像信息的复杂性,本节只是针对基于边缘的图像配准这一研究领域,根据模糊粗集的特性,提出了一种适用于边缘配准的模糊粗集边缘提取方法. 但是,因为模糊粗集在这方面的应用还处于尝试阶段,所以本节只着重论述该方法的合理性和可行性,并没有将它与其他边缘提取方法做性能优劣的对比.

2.2.1　模糊粗集的基本理论

模糊理论和粗集理论都是用来描述知识的不确定性和不完全性,但他们的侧重点不同:粗集理论主要解决信息系统中知识的不可分辨性,而模糊理论主要解决的是信息系统中知识的模糊性,将粗集理论与模糊理论结合构成模糊粗集,其本质就是利用模糊集合概念来研究粗集的模糊划分相似性问题,所以本文首先对模糊集和粗集的基本概念做一个简单的论述:

(1) 模糊集

模糊集合理论的概念是由美国控制专家 L. A. Zadeh 在 1965 年提出来的[99]. 模糊集以隶属度作为建立的基石,其定义如下:

给定论域 U 上的一个模糊子集 A,对于任意 $X\in U$ 都确定了一个 $\mu_{\underline{A}}(X)$, $\mu_{\underline{A}}(X)$称为 X 对 A 的隶属度. 映射 $X\rightarrow\mu_{\underline{A}}(X)$称为 A 的隶属函数,隶属函数的值域 $\mu_{\underline{A}}(X)\in[0, 1]$.

图像的成像过程是一种多到一的映射过程,由此决定了图像本身存在许多不确定性和不精确性,即模糊性. 因为模糊理论恰恰能很好地描述图像的这种模糊性,所以近年来一些学者致力于将模糊理论引入到图像处理中,提出了多种算法,也取得了很好的效果,尤其是在图像增强、图像分割和边缘提取的应用,效果要好于传统的图像处理方法.

(2) 粗糙集

粗糙集理论由波兰数学家 Z. Pawlak 于 1982 年提出[102],是一种具有极大潜力和有效的知识获取工具,它的定义如下:

令 $X\subseteq U$,且 R 为一等价关系. 当 X 为某些 R 基本范畴的并时,我们称 X 是 R 可定义的,否则 X 为 R 不可定义的. R 可定义集被称作 R 精确集,而 R 不可定义集被称为 R 粗集. 粗糙集的基本概念示意图如图 2.6 所示:

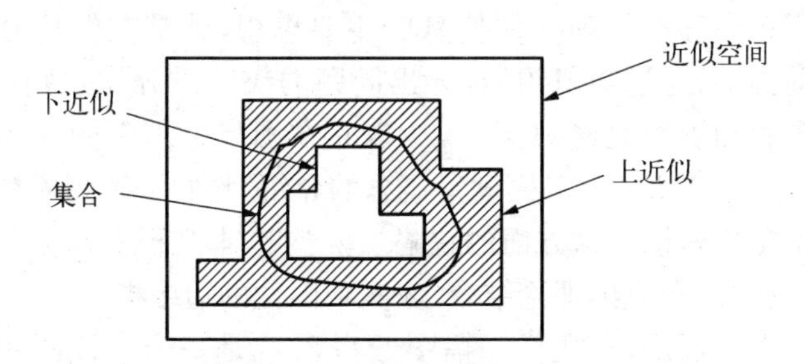

图 2.6 粗糙集的基本概念示意图

粗集研究的对象只能是离散值,它处理信息的基本过程如图 2.7 所示:

原始信息表 → 数据预处理 → 决策表约简 → 数据推理 → 新规则获取

图 2.7　粗集信息处理基本过程

经过 20 多年的发展，粗集理论不但在数学理论上日趋完善，而且在机器学习、决策分析、近似推理、图像处理、专家系统、过程控制、冲突分析、数据库知识发现、医疗诊断、金融数据分析等领域都取得了一定的成功.

(3) 模糊粗集

给定 X 上的一个模糊划分 θ，利用上近似 $\theta^{-}(F)$ 和下近似 $\theta_{-}(F)$ 的形式，可以通过集合 θ 表达任一模糊集合 F，$\theta^{-}(F)$ 和 $\theta_{-}(F)$ 称为模糊粗集. 并且定义：

$$M_i \equiv \mu_{\theta^{-}(F)}(F_i) = \sup_x \mu_{F_i}(x) * \mu_F(x) \tag{2.3}$$

$$m_i \equiv \mu_{\theta_{-}(F)}(F_i) = \inf_x \mu_{F_i}(x) * \mu_F(x) \tag{2.4}$$

也就是说，只要给定一个模糊划分，利用上近似和下近似的形式，就可以通过相应的集合表达任一模糊集合，这就是模糊粗集的基本概念.

2.2.2　基于模糊粗集的图像边缘计算原理

利用粗集理论处理图像信息的主要思想，就是在保持分类能力不变的前提下，通过知识约简，导出问题的决策或分类规则. 但粗集中的概念和知识都是经典集合，所以它在图像处理中的应用受到了限制. 根据第 2.2.2 节对模糊集概念的介绍，我们了解到模糊理论恰恰弥补了粗集理论在这方面的缺陷. 鉴于此，本文根据模糊粗集的定义，将模糊理论和粗集理论结合，来实现图像的边缘提取.

基于上述理论，本文将一幅图像 G 看成是一个由该图像和等价关系 R 构成的一个图像近似空间 U. 对于图像 G 中的任意像素 x，用 $\mu_{\underline{A}}(x)$ 表示像素 x 隶属于图像 G 的边缘的程度，用集合 X 表示图像 G 的边缘，用 R 表示等价关系. 也就是说，如果两个像素中的隶属度都

在选择的边界参数范围之内，那么这两个像素就同属于一个等价类，则

$$\text{上近似为：} R^{-}(X) = \sup\{\mu_{\underline{A}}(y) \mid \mu_{\underline{A}}(y) \geqslant d \quad y \in [x]_R\},\ x \in U \tag{2.5}$$

$$\text{下近似为：} R_{-}(X) = \inf\{\mu_{\underline{A}}(y) \mid \mu_{\underline{A}}(y) \geqslant d \quad y \in [x]_R\},\ x \in U \tag{2.6}$$

其中，d 为边缘梯度. 由于在粗集理论中，我们把 $pos_R(X) = R_{-}(X)$ 称为 X 的R 正域，把 $neg_R(X) = U - R_{-}(X)$ 称为 X 的R 负域，所以实际上，图像的边缘就是正域与负域的交集：

$$X = pos_R(X) \cap neg_R(X) \tag{2.7}$$

2.2.3 实验与结果

目前，配准技术的重点已开始从刚性配准向非刚性配准方向发展，非刚性物体受自身各种因素的影响，很难给出其精确定位和固定的位置，比如，在做人体的肺部图像配准时，因为人本身呼吸的作用，其形状是随时变化的，很难对其精确的配准. 但这样的不精确行为正好符合模糊粗集的相关理论，如果能将之应用于实践，就能忽略许多传统精确配准时需要考虑的因素，从而依据该理论本身的优势去解决以往配准过程中许多悬而未决的问题. 根据这种情况，本文在实验过程中，特意选择了一幅非刚性的大脑磁共振图像（如图 2.9(a)）作为边缘提取的对象，以便为以后从事基于边缘提取的非刚性图像配准的研究者们提供参考.

在提取图像边缘时，由于噪声会对计算图像梯度产生影响，从而导致提取假边缘或提取的边缘具有一定意义上的变形和误差，所以在进行图像边缘提取的操作之前，要先对图像进行去噪和平滑处理，其最终结果如图 2.9(a)所示. 对于数字图像的边缘提取，一般是先构造边缘检测算子，然后设定阈值来确定边缘. 设图像 G 的任意像素点

(m, n)的灰度值为 $p(m, n)$,扫描窗口结构选为 3×3,结构元中的像素排列顺序如图 2.8 所示.

$(m, 1)$	$(m, 2)$	$(m, 3)$
$(m, 8)$	$(m, 0)$	$(m, 4)$
$(m, 7)$	$(m, 6)$	$(m, 5)$

图 2.8 像素排列结构

设定像素模块为:

$$D(m) = \sum_{n=0}^{8} p(m, n),\ m = 0 \sim 8 \tag{2.8}$$

其中,$D(m)$的排列与像素排列结构相同.

设扫描窗口中心点处的模块为 $D(0)$,在实验过程中,本文按照边缘像素的变化情况,分别计算了三种像素差值,具体如下:

$$\delta 1 = \frac{1}{4} \sum_{m=1}^{4} D(2m) - D(0) \tag{2.9}$$

$$\delta 2 = \frac{1}{4} \sum_{m=1}^{4} D(2m-1) - D(0) \tag{2.10}$$

$$\delta 3 = \frac{1}{8} \sum_{m=1}^{8} D(m) - D(0) \tag{2.11}$$

因此,可以构造三个等价类:

$$U \mid R_1 = \{(m, n) \mid p(m, n) \leqslant \delta 1\} \tag{2.12}$$

$$U \mid R_2 = \{(m, n) \mid p(m, n) \leqslant \delta 2\} \tag{2.13}$$

$$U \mid R_3 = \{(m, n) \mid p(m, n) \leqslant \delta 3\} \tag{2.14}$$

根据上述等价类及前面论述的计算原理,利用 MATLAB7.0 粗

集开发环境，分别计算出各个等价类下近似的最大下确界和上近似的最小上确界，并分别求出各个类的所有正域和负域的交集，就得到了图像 G 的边缘 X.

考虑到图像配准的实际情况，也为了突出边缘提取的效果，本文利用 MATLAB 软件对图像内部的一些细节边缘做了适当的填充处理，最终结果如图 2.9(b)所示，因为在配准领域，目前还没有一套检测的“金标准”，所以目测检验仍然是当今临床应用中一个简单而有效的方法[118,119]，该结果经临床医生目测检验效果良好.

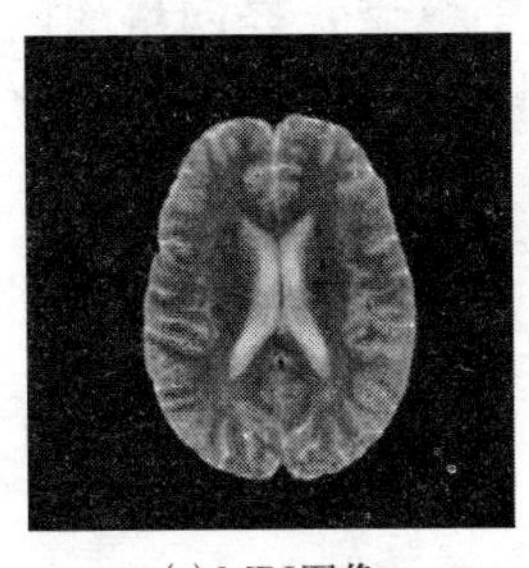

(a) MRI图像

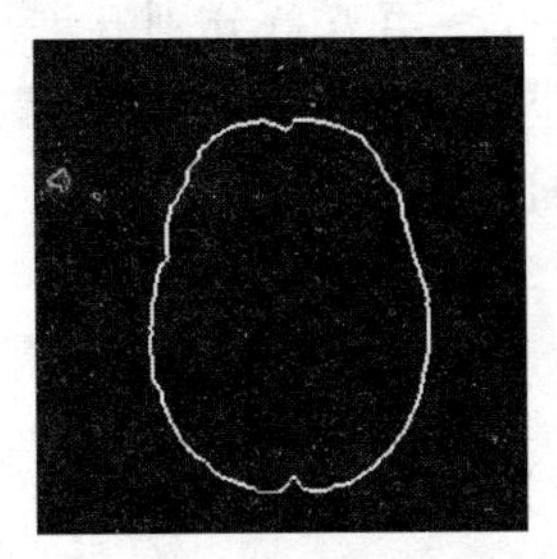

(b) 边缘效果图

图 2.9　边缘提取结果

2.3　小结

本章的目的是开展关于图像预处理方面的研究，以便为其后的图像融合工作奠定基础. 所以着重在图像去噪和边缘特征提取方面论述了自己的研究结果.

首先，针对传统滤波器不能同时去除正负脉冲噪声的弊端，构造了神经模糊去噪模型，通过对正负脉冲噪声的自适应性聚类修正，达到去噪的目的. 实验证实了该方法的可行性，取得了比中值滤波法更好的去噪效果.

然后，又针对非刚性图像的不确定性和不精确性，结合模糊粗集理论的特点，详细论述了利用模糊粗集来提取图像边缘的合理性和

可行性,推导了图像边缘的模糊粗集定义,并通过 MATLAB7.0 实现了提取结果,经临床医生目测检验效果良好,从而为以后的图像边缘配准研究提供了一个新的手段,也在一定意义上拓宽了模糊粗集理论的应用范围.

开展预处理研究只是一个基础,本课题的重点在于研究基于集成计算智能的图像融合新理论、新算法,并成功地将其应用于图像处理领域. 因为神经网络是计算智能的主要分支,因此本文在研究集成计算智能技术时,主要是分析以神经网络为基础的集成. 鉴于此,本文在第三章～第五章分别开展了基于模糊神经网络的图像信息融合、基于小波神经网络的图像信息融合和基于粗糙集神经网络的图像信息融合的研究.

第三章 基于模糊神经网络的图像信息融合

在论述基于神经网络与其他智能理论集成的图像信息融合方法之前，先对目前基于神经网络的图像信息融合技术做一个简单的综述：

神经网络是一种并行信息处理模型，具有分布式存储和联想记忆功能，具有较强的自适应性和自组织性，可以抗噪声、抗损坏、容错性和鲁棒性好，因而它能实时地完成复杂运算和海量数据库检索，对图像理解、模式识别和不完全信息的处理表现出其特有的优越性. 近十多年来，在信息融合领域，无论在数据级，特征级或是决策级，神经网络技术都得到了广泛的应用. 在图像信息融合领域，神经网络技术也得到了成功应用：Randy P 等人提出了一种脉冲耦合神经网络，并将之应用到目标检测的图像融合当中[120]；Shtao Li 等人利用人工神经网络实现了多聚焦图像的融合[121]；在自组织神经网络方面：Zhang 等人提出了一种基于自组织特征映射(SOFM)网络的图像融合方法，先对图像进行分类，然后将分类结果模糊化，最后再进行像素级融合[91]；Yiyao L 等人提出了一种基于知识的神经网络，该方法能用来融合图像的边缘信息，从而生成一幅比从任何单一原始图像获得的边缘信息更完整的边缘图像[90]；Ajjimarangsee P 利用自组织特征映射网络实现了可见光和红外光两种图像的融合[122]；而 Schistad A H 和 Chiuderi A 等人则分别将这种网络应用到 TM 和 SAR 图像的融合及遥感图像的分类当中[123]. 毫无疑问，神经网络为图像信息融合提供了新思路，也在一定意义上提高了信息处理的智能化程度，但就目前的理论和应用来说，神经网络技术都是被单独地应用，它的潜力还无法完全开发，因为它有自身的局限性，比如，当所

处理的信息同时属于几个类别的时候，神经网络就显得无能为力，而且神经网络引入启发性知识的功能也较差. 实践已证明，要真正实现智能化信息处理，特别是处理较为复杂的问题时，单纯依靠一种方法是很难做到的，而将各种智能方法进行有机结合，就可以有效地发挥出各自的长处而又能弥补各自的不足，这也是未来信息融合技术发展的趋势.

如本文第一章所述，始于 20 世纪 70 年代的模糊神经网络技术实现了模糊技术与神经网络技术的结合，是目前人工智能界最具发展前途的重要领域之一，已在模糊决策、模式识别等多个领域发挥了重要作用. 近十年来，关于它的理论、模型、算法和应用技术方面的研究一直是重要的研究课题，模糊神经网络以它特有的优势受到了高度的重视. 在数据融合技术方面，模糊神经网络已在智能机器人、雷达信号处理以及目标跟踪中得到应用，是一种比统计理论更好更合理的融合方法[124~144]. 本章在这些研究的基础上，将模糊神经网络的应用范围扩展到了图像融合领域. 首先论述了模糊神经网络的基本原理；然后阐述了模糊神经网络信息融合理论；最后，提出了基于模糊神经网络的图像融合方法，在对非线性系统性能仿真的基础上，通过实验证实了本章所提方法的正确性和有效性. 下面先论述模糊神经网络的基本理论.

3.1 模糊神经网络的基本理论

关于模糊理论与神经网络之间的区别与联系，很多研究者都对此进行了详细的分析与对比，本文不再赘述. 以下重点论述模糊神经网络本身的一些基本概念.

3.1.1 模糊神经网络的定义与分类

3.1.1.1 定义

模糊神经网络(FNN)是泛指所有将模糊逻辑与人工神经网络结

合起来的混合智能处理系统. 它是在神经网络和模糊系统的基础上发展起来的. 它充分考虑了神经网络和模糊系统的互补性,集语言计算、逻辑推理、分布式处理和非线性动力学过程于一体,具有学习、联想、识别、自适应和模糊信息处理能力等功能. 模糊神经网络在本质上就是将常规的神经网络(如前向反馈神经网络,Hopfield 神经网络)赋予模糊输入信号和模糊权值.

3.1.1.2　分类

在模糊神经网络飞速发展的今天,要明确地对它进行分类是一个非常复杂的问题,因为不同的角度就会有不同的类. 比如,按结构可分为前向网络、回路网络等;按层次可分为单层网络、多层网络等;按功能可分为模式识别类、模糊联想类等;按学习可分为监督学习和非监督学习等等. 但概括起来,可以大致将模糊神经网络划分为两大类:处理模糊信息的神经网络和以神经网络为工具来实现的模糊系统[145].

3.1.2　模糊神经网络的结构与学习算法

3.1.2.1　模糊神经网络的结构

如图 3.1 所示,是一个通用的模糊神经网络结构,代表一个两输入一输出的模糊系统. 其中,x_1 和 x_2 是系统的输入变量,θ_i 是第三、四层间的可调权系数,M 代表规则数,y_1^4 为模糊神经网络的输出. 假设 x_1 和 x_2 各定义 5 个模糊集合,共有 25 条规则,输入隶属函数选用高斯函数. 如用 x_i^k 表示第 k 层的第 i 个输入,net_j^k 表示第 k 层的第 j 个结点的净输入 y_j^k,表示第 k 层的第 j 个结点的输出, 即 $y_j^k = x_j^{k+1}$,那么模糊神经网络各层的处理过程可表示如下:

输入层

$$net_j^1 = x_i^1,\ j = i,\ y_j^1 = net_j^1 \tag{3.1}$$

其中,x_i^1 就是模糊神经网络的第 i 个输入,$i=1,\ 2$. 此层只有两个结点.

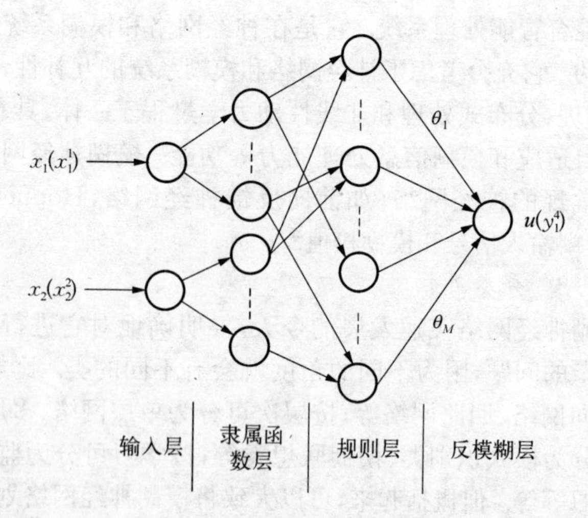

图 3.1 模糊神经网络结构

（2）隶属函数层

$$net_j^2 = -\frac{(x_i - m_{ij})^2}{\sigma_{ij}^2} \tag{3.2}$$

$$y_j^2 = \exp(net_j^2) \tag{3.3}$$

其中，m_{ij} 和 σ_{ij} 分别是第 i 个输入变量的第 j 个模糊集合的高斯型隶属函数的均值和标准差，它们都是模糊神经网络的可调参数. 此层共有 10 个结点.

（3）规则层

$$net_j^3 = x_1^3 \cdot x_2^3,\ y_j^3 = net_j^3 \tag{3.4}$$

此层共有 25 结点.

（4）反模糊层

$$net_1^4 = \sum_{i=1}^{M} \theta_i x_i^4,\ y_1^4 = net_1^4 \tag{3.5}$$

其中，y_1^4 即为模糊神经网络的输出，θ_i 为第三、四层间的可调权系数. 此层只有一个结点.

3.1.2.2　模糊神经网络的学习算法

如第 3.1.2.1 节所述，模糊神经网络具有多层结构形式，它一般的学习算法如下：

首先定义指标函数：

$$E=\frac{1}{2}(d-y_1^4)^2=\frac{1}{2}e^2 \tag{3.6}$$

其中，d 为教师信号. 那么误差信号将由依次由第四层向第一层反传.

(1) 反模糊层

$$\delta_1^4=-\frac{\partial E}{\partial net_1^4}=d-y_1^4=e \tag{3.7}$$

$$\Delta\theta_i=-\frac{\partial E}{\partial\theta_i}=-\frac{\partial E}{\partial net_1^4}\frac{\partial net_1^4}{\partial\theta_i}=\delta_1^4\cdot y_i^3 \tag{3.8}$$

其中，$i=1,2,\cdots,25$.

(2) 规则层

$$\delta_j^3=-\frac{\partial E}{\partial net_j^3}=-\frac{\partial E}{\partial net_1^4}\frac{\partial net_1^4}{\partial net_j^3}=\delta_1^4\cdot\theta_j \tag{3.9}$$

其中，$j=1,2,\cdots,25$.

(3) 隶属度层

$$\begin{aligned}\delta_j^2&=-\frac{\partial E}{\partial net_j^2}=-\frac{\partial E}{\partial y_j^2}\frac{\partial y_j^2}{\partial net_j^2}=\Big(\sum_k-\frac{\partial E}{\partial net_k^3}\frac{\partial net_k^3}{\partial y_j^2}\Big)\frac{\partial y_j^2}{\partial net_j^2}\\&=\Big(\sum_k\delta_k^3\cdot y_i^2\Big)y_j^2\end{aligned} \tag{3.10}$$

其中，k 代表与第二层中 j 结点相连的第三层中的结点，i 代表与第三

层中 k 结点相连的第二层中的结点 $(i \neq j)$，$j=1, 2, \cdots, 10$.

输入隶属函数的参数修正值为：

$$\Delta m_{ij} = -\frac{\partial E}{\partial m_{ij}} = -\frac{\partial E}{\partial net_j^2}\frac{\partial net_j^2}{\partial m_{ij}} = \delta_j^2 \frac{2(y_i^1 - m_{ij})}{\delta_{ij}^2} \quad (3.11)$$

$$\Delta \sigma_{ij} = -\frac{\partial E}{\partial \sigma_{ij}} = -\frac{\partial E}{\partial net_j^2}\frac{\partial net_j^2}{\partial \sigma_{ij}} = \delta_j^2 \frac{2(y_i^1 - m_{ij})^2}{\sigma_{ij}^3} \quad (3.12)$$

其中，$i=1, 2$；$j=1, 2, \cdots, 5$.

开 始
初始化
参数设定
训 练
收 敛?
N
Y
固定阈值和权重
结 束

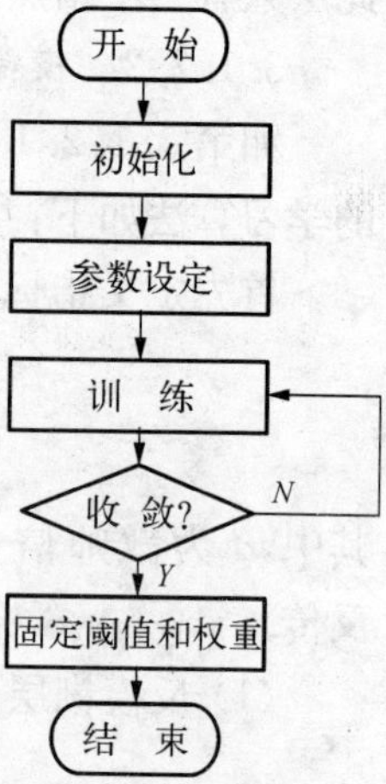

图 3.2 模糊神经网络训练流程图

3.1.3 模糊神经网络的训练

根据第 3.1.2 节所述及面向对象的程序设计开发平台，本文给出了模糊神经网络的训练流程，如图 3.2 所示.

3.2 模糊神经网络信息融合理论

上节论述了模糊神经网络的基本原理，现在阐述模糊神经网络信息融合理论.

3.2.1 模糊神经网络信息融合原理

对于一个数据融合模糊神经网络，设定它的输入为 n 个，输出为 m 个. 如果将多源信息组看成是输入变量，融合结果看作为输出，那么信息融合的过程可按以下给出.

设输入变量为 x_i，$i=1, 2, \cdots, n$；输出变量为 y_k，$k=1, 2, \cdots, m$；输入变量的维数为 l_i，输出变量的维数为 l_k，即：

$$x_i : x_{i1}, x_{i2}, \cdots, x_{il}$$

$$y_k : y_{k1}, y_{k2}, \cdots, y_{km_k}$$

设模糊规则为：

$$\text{If} \quad x_i = A_1^j, x_2 = A_2^j, \cdots, x_n = A_n^j$$

$$\text{则} \quad y_k = B_k^j, j = 1, 2, \cdots, R; k = 1, 2, \cdots, m$$

其中,R 为模糊规则数,根据实际情况确定;$A_1^j, A_2^j, \cdots, A_n^j$ 和 B_k^j 分别为模糊系统输入和输出的模糊子集,具体如下：

$$A_i^j \in \{x_{i1}, x_{i2}, \cdots, x_{il_i}\}, i = 1, 2, \cdots, n; j = 1, 2, \cdots, R$$

$$B_k^j \in \{y_{k1}, y_{k2}, \cdots, y_{km_k}\}, k = 1, 2, \cdots, m$$

集合 B_k^j 一般是杆状隶属函数. 因此模糊规则可写成：

$$If \quad x_i = A_1^j, x_2 = A_2^j, \cdots, x_n = A_n^j$$

$$\text{则} \quad y_k = y_k^j, j = 1, 2, \cdots, R; k = 1, 2, \cdots, m$$

那么,信息融合的结果输出就可以按下式计算：

$$y_k = \frac{\sum_{j=1}^{R} \mu_j y_k^j}{\sum_{j=1}^{R} \mu_j} \tag{3.13}$$

根据模糊神经网络的基本理论和模糊神经网络信息融合的原理,图 3.3 给出了实现整个过程的模糊神经网络信息融合模型：

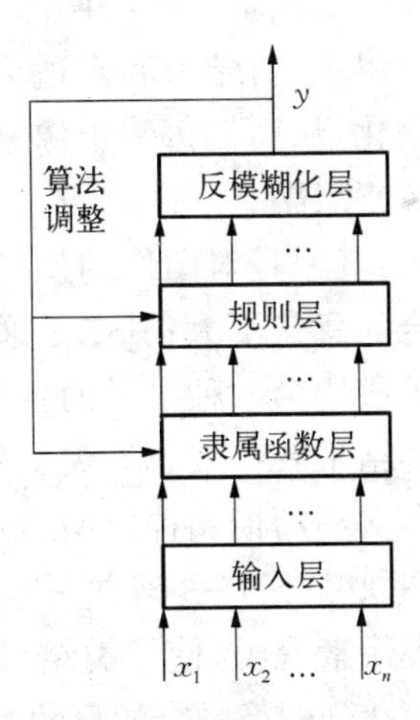

图 3.3 模糊神经网络信息融合模型

3.2.2 模糊神经网络信息融合关键技术

模糊神经网络在信息融合中的关键技术包括：

(1) 模糊信息的分析处理，如确定隶属度函数、分析模糊信息的融合层次等；

(2) 神经网络系统基于模糊信息融合的拓扑结构，这取决于与模糊信息的融合层次；

(3) 神经网络的学习算法；

(4) 神经网络中各个节点的融合算法，融合算法是信息融合的关键，它是根据一定的网络拓扑结构，由从输入到节点的信息如何融合才能正确反映事先设定的命题而决定的.

3.3 基于模糊神经网络的图像信息融合

3.3.1 问题

常规基于神经网络的图像融合技术一般是先利用神经网络的自组织、自学习和自适应能力对图像聚类，然后对聚类结果实施模糊化，从而使每一个像素都获得一个隶属度矢量，最终实现图像的像素级融合. 常规方法在处理图像间的差异时，往往采取两种手段：其一是对图像的差异进行硬分类，即非此即彼，这样的分类对融合的意义不大；其二是通过分配隶属度函数来达到模糊分类，这种手段比第一种先进而且更合理，但这种人为定义隶属度函数来使分类结果获得隶属度矢量的方法显然有其理论上的局限性. 鉴于此，本文利用模糊神经网络理论，提出了一种新的基于模糊神经网络的图像融合方法，该方法避开了人为分配因素，对图像实施竞争层的模糊像素聚类，使聚类结果自动获得隶属度，并直接输出聚类权值，从而达到图像融合的目的. 图 3.4 给出了基于模糊神经网络的图像融合主框架.

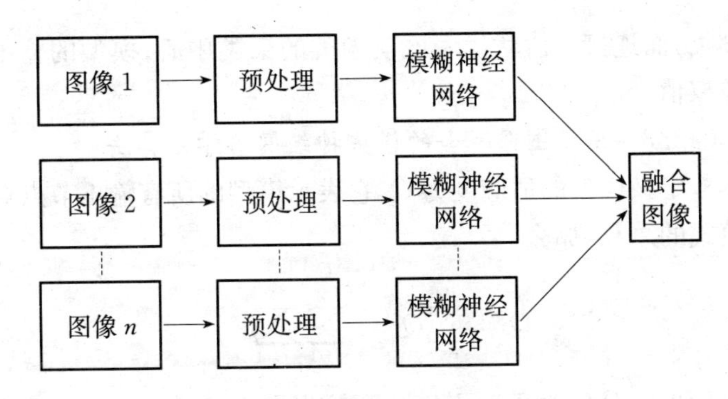

图 3.4　基于模糊神经网络的图像融合框架

3.3.2　用于图像融合的模糊神经网络

本章所提方法的核心部分就是适合于图像融合的模糊神经网络模型,因此本节分别对该模型的结构、学习算法进行了说明,并对该模型实施了仿真.

3.3.2.1　用于图像融合的模糊神经网络结构

如图 3.5 所示,该网络模型分为三层:第一层(a)为输入层;第二层(b)为模糊竞争聚类层;第三层(c)为输出层. 该模型的输入与输出根据图像的实际情况而定,输入矢量属于哪一类是不确定的. 模型在模糊聚类的竞争层自动获取隶属度函数,每个输入矢量属于不同模糊类的不确定性都用隶属度函数来描述,它的每一个节点都代表一

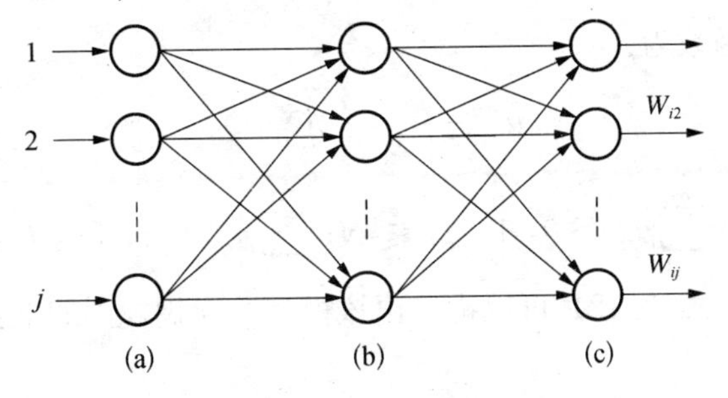

图 3.5　模糊神经网络模型

个模糊类,而连接权值就代表该模糊类的聚类中心;模型的输出层输出聚类权值.

3.3.2.2 用于图像融合的模糊神经网络学习算法

本节定义模型的适应度为Q,它表示模型的所有输出节点对应于输入模式的总和,那么:

$$Q = \sum_{i=j}^{M} Q_i = \sum_{i=1}^{M} \sum_{j=1}^{N} C_{ij} \tag{3.14}$$

其中,M和N分别表示输入模式和输出节点的数目,C_{ij}表示输出节点对应于输入模式($x_i = x_{i1}, x_{i2}, \cdots, x_{ik}$)的输出,并且,

$$C_{ij} = \exp\left\{-\frac{(d_{ij})^2}{2\sigma^2}\right\} \tag{3.15}$$

因此,模型训练学习的过程实际上就是调整权值w_j来优化Q的过程,即:

$$\Delta w_{jk} = \eta \frac{\partial Q}{\partial w_{jk}} \tag{3.16}$$

由上述公式(3.15)及公式(3.16),可以推出

$$\Delta w_{jk} = \eta \sum_{i=1}^{M} \frac{1}{\sigma^2} C_{ij}(x_{ik} - w_{ik}) \tag{3.17}$$

设隶属度函数为:

$$\mu_{ij} = \mu_{wj}(x_i) C_{ij} / Q_{ij} \tag{3.18}$$

显然,$M > \sum_{i=1}^{M} \mu_{ij} > 0, 1 \leqslant j \leqslant N$; $\sum_{i=1}^{M} \mu_{ij} = 1, 1 \leqslant i \leqslant M$

依据公式(3.18),可以推导出该模型的模糊规则如下:

$$\Delta w_{jk} = \eta \sum_{i=1}^{M} \frac{1}{\sigma^2} C_{ij}(x_{ik} - w_{ik}) \mu_{ij} \tag{3.19}$$

3.3.2.3 用于图像融合的模糊神经网络仿真

因为图像信息本身具有不确定的复杂的非线性特性，因此，为了验证本章所构建模型的性能，本节利用如下的非线性系统对所建模型进行了仿真.

设定一个非线性系统：

$$\dot{x}(1) = -x_1(t)x_2^2(t) + 0.999 + 0.42\cos(1.75t) \tag{3.20}$$

$$\dot{x}_2(t) = x_1(t)x_2^2(t) - x_1(t) \tag{3.21}$$

$$y(t) = \sin[(x_1(t)) + x_2(t)] \tag{3.22}$$

利用 MATLAB 7.0 中的 ODE45 函数可以对上述一阶微分方程组求解，并令初始值 $t \in [0, 15]$，$x_1(0) = x_2(0) = 1.0$，全局误差设为 $e=0.003$，根据第 3.3.2.2 节定义的隶属函数和模糊规则，本文得到了如图 3.6 和图 3.8 的仿真结果：从图 3.6 及图 3.8 可以看出，该模型的学习收敛速度快，误差曲线也很稳定.

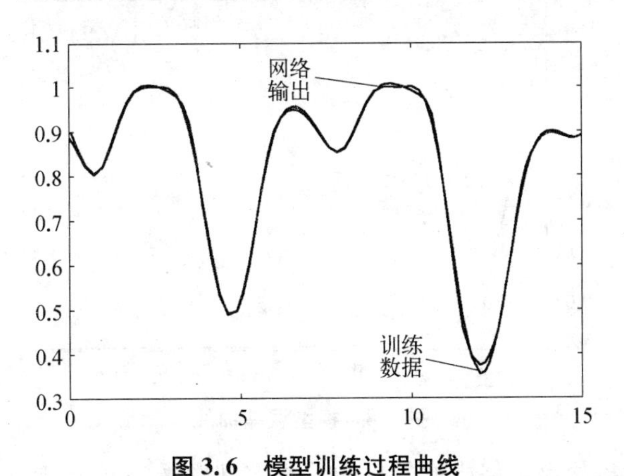

图 3.6 模型训练过程曲线

为了进一步讨论所建模型的特性，在其他条件不变的情况下，将初始 x 值更改为 $x_1(0) = x_2(0) = 2.0$ 后，得到了如图 3.7 及图 3.9 所示的结果. 从图 3.7 及图 3.9 可以看出，当增大初始值时，网络收

敛的速度慢了很多,误差曲线也不太稳定. 因此,可以看出,该网络对初始值比较敏感.

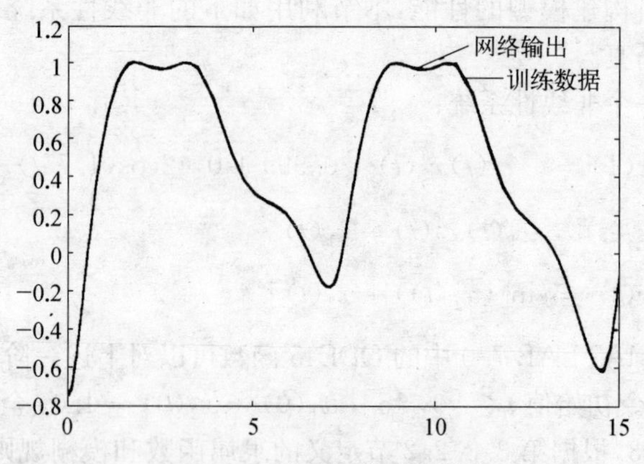

图 3.7　模型训练过程曲线

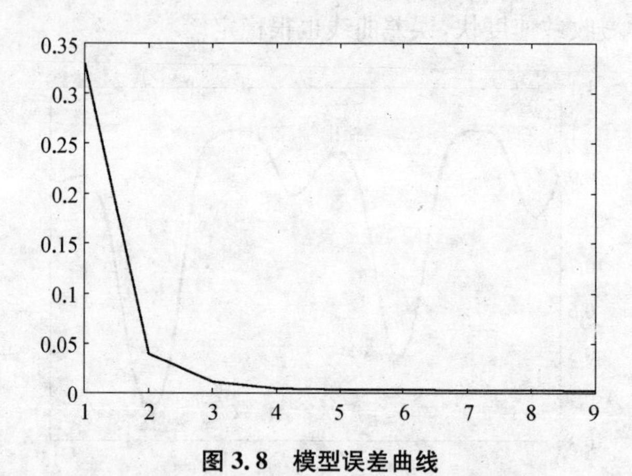

图 3.8　模型误差曲线

因为构建该网络模型的目的是要实现图像的融合,因此,本文分别选用了 200 个样本训练值和 100 个测试样本值,对该网络进行了图像的模式识别测试,并将它与同样结构的 BP 网络进行了对比,具体结果如表 3.1 所示.

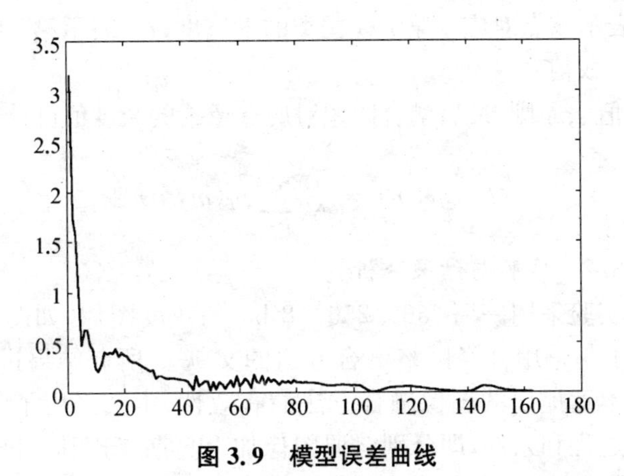

图 3.9　模型误差曲线

表 3.1　模式识别精度对比

网络结构	模糊神经网络	BP 神经网络
训练样本集(%)	86.2	74.7
测试样本集(%)	81.4	69.3

从表 3.1 可以明显地看出，由于该模型在神经网络的基础上集成了模糊理论，因此识别能力得到了较大的提高，良好的网络性能为图像融合奠定了良好的基础.

3.3.3　图像融合

3.3.3.1　融合方法

假定有 N 个图像需要融合，$p_i(m, n)$代表像素点(m, n)处的灰度值，根据前述构建的模型及算法，那么点(m, n)处的灰度值可以为：

$$p_i(m, n) = (u_{i1}w_{i1} + u_{i2}w_{i2} + \cdots + u_{ic}w_{ic}) \times (L-1) \tag{3.23}$$

其中，u_{ij} 表示该点对应于第 j 模糊类的隶属度；w_{ij} 表示第 i 幅图像第 j 模糊类的权值.

按均值法原则，最后融合图像对应点像素的灰度值可计算为：

$$p_{ri}(m, n) = \frac{1}{N}\sum_{i=1}^{N} p_i(m, n) \tag{3.24}$$

3.3.3.2　实验与结果分析

本文实验采用一幅 256×256×8 bit 的灰度图像，如图 3.10(a)所示. 为了与采用神经网络融合方法的文献[91]所获结果进行对比，以便验证本章提出的图像融合方法的有效性，本文采用了与文献同样的实验过程和条件，即分别对原图像加上高斯噪声、脉冲噪声和乘性噪声，从而获得三幅带有噪声的图像，分别如图 3.10(b)，图 3.10(c)和图 3.10(d)所示. 所加噪声的特性分别为：高斯噪声的均值为0，方差为 0.02；脉冲噪声的噪声密度为 0.2；用于乘性噪声的均匀分布随机噪声的均值为 0，方差为0.02. 然后分别对三幅图像进行滑动均值滤波、加权中值滤波和自适应维纳滤波. 其中，加权中值滤波的加权系数分布与图 2.6 所示相同. 滤波后的图像分别如图 3.10(e)，图 3.10(f)和图 3.10(g).

在对图像进行模糊像素聚类的基础上，获得了如下的输出权值，见表 3.2.

根据上述聚类结果，本文分别对滤波前和滤波后的三幅噪声图像进行了融合，分别如图 3.10(h)和图 3.10(j)所示，为了对比，本文同时也按文献方法对滤波前后的三幅噪声图像进行了融合，融合结果如图 3.10(i)和 3.10(j)所示. 各幅图像的参数计算参见表 3.3. 从表 3.3 中可以看出，图像融合后比融合前的性能有了明显改善，峰值信噪比得到了提高；另外，与通过 SOFM 方法融合的图像参数比较，可以看出，本文提出的方法所获得的结果在峰值信噪比、均方误差及平均绝对误差方面的性能都优于前者，从而达到了本次实验的目的，也验证了该实验所依据理论的正确性.

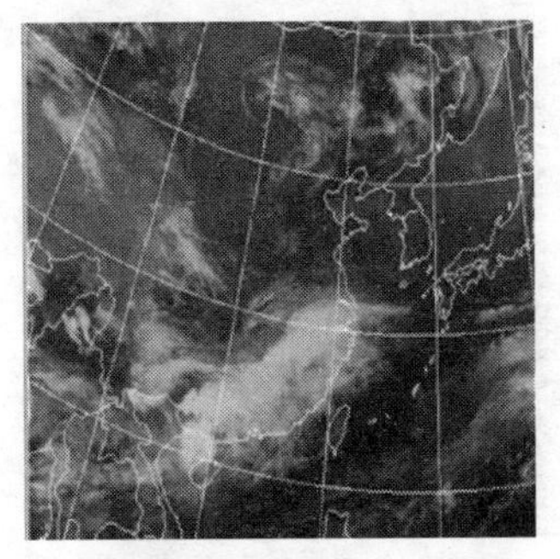

(a) 原图像

(b) 含高斯噪声图像
(PSNR=14.35 MSE=2 390.31 MAE=39.56)

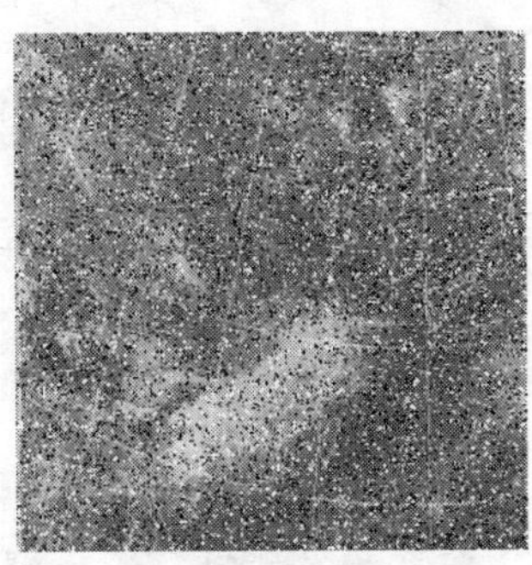

(c) 含脉冲噪声图像
(PSNR=12.61 MSE=3 569.20 MAE=25.69)

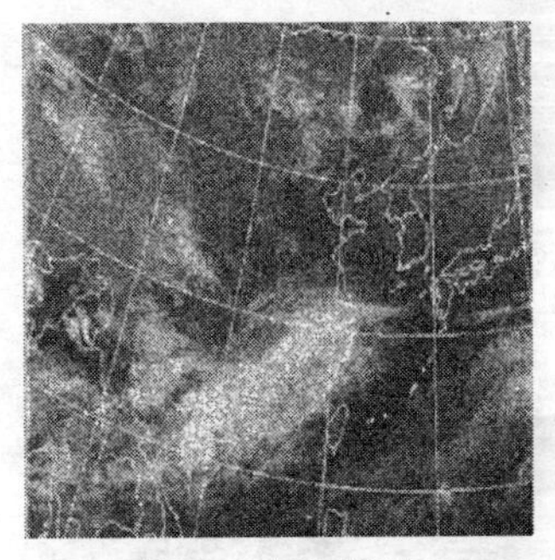

(d) 含乘性噪声图像
(PSNR=18.82 MSE=853.95 MAE=24.96)

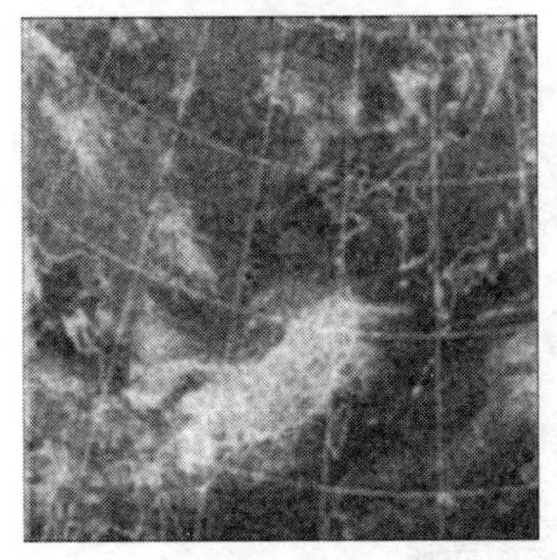

(e) 高斯均值滤波图像
(PSNR=20.48 MSE=582.07 MAE=18.99)

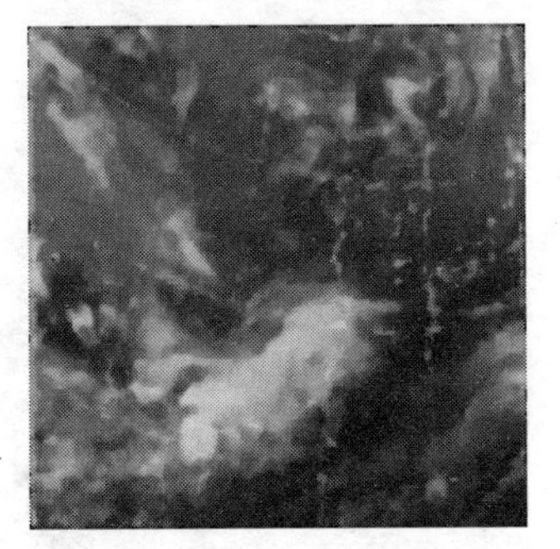

(f) 脉冲中值滤波图像
(PSNR=24.58 MSE=226.74 MAE=11.08)

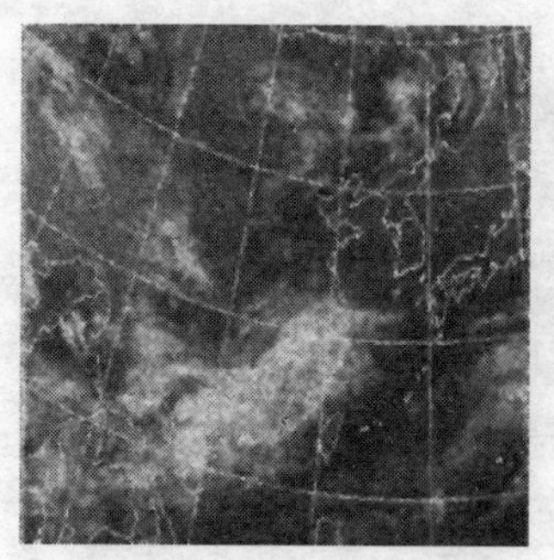

(g) 乘性维纳滤波图像
(PSNR=24.74 MSE=218.55
MAE=11.07)

(h) 含噪图像滤波前模糊神经融合
(PSNR=21.35 MSE=486.88
MAE=18.13)

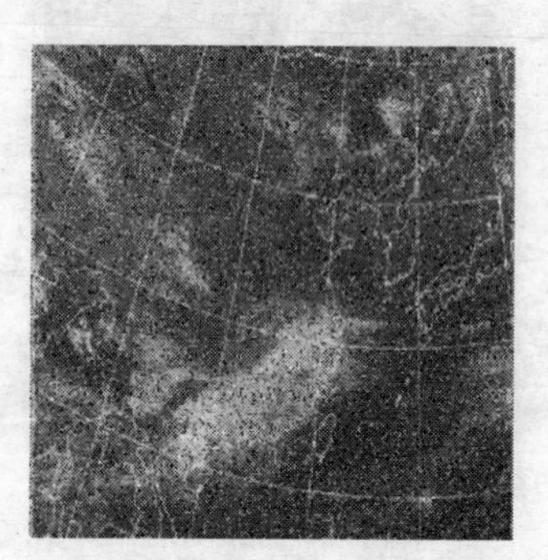

(i) 含噪图像滤波前SOFM神经融合
(PSNR=19.74 MSE=689.66
MAE=20.94)

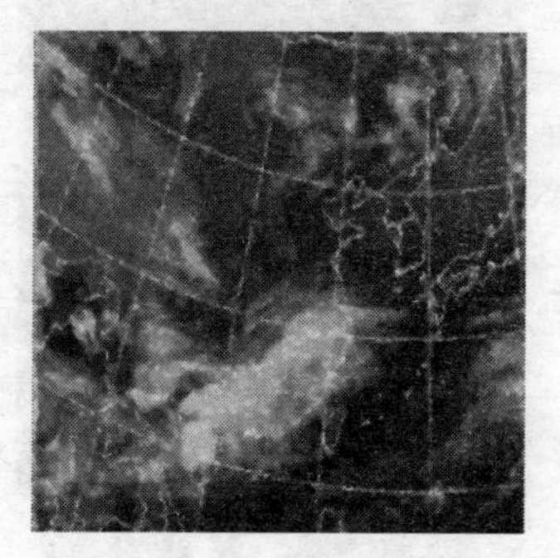

(j) 含噪图像滤波后模糊神经融合
(PSNR=26.30 MSE=159.23
MAE=8.98)

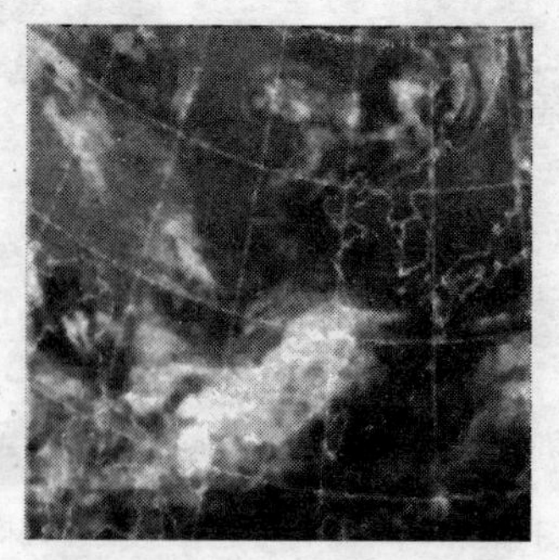

(k) 含噪图像滤波后SOFM神经融合
(PSNR=25.19 MSE=193.53
MAE=10.24)

图 3.10　实验结果图

表 3.2 模糊竞争聚类权值

权值	原图像	含高斯噪声图像	含脉冲噪声图像	含乘性噪声图像	高斯噪声滤波图像	脉冲噪声滤波图像	乘性噪声滤波图像	融合图像
$Wi1$	0.499 0	0.606 6	0.785 2	0.561 6	0.468 3	0.489 7	0.516 3	0.735 8
$Wi2$	0.488 2	0.483 9	0.567 1	0.753 9	0.247 4	0.506 0	0.711 3	0.812 5
$Wi3$	0.721 7	0.709 8	0.474 4	0.483 1	0.538 6	0.481 7	0.506 1	0.322 3
$Wi4$	0.588 0	0.426 2	0.116 6	0.668 4	0.394 4	0.649 9	0.561 7	0.251 8
$Wi5$	0.521 6	0.407 1	0.493 8	0.479 1	0.504 9	0.496 6	0.509 1	0.377 3
$Wi6$	0.516 8	0.574 6	0.516 6	0.465 2	0.586 6	0.652 6	0.535 6	0.552 7
$Wi7$	0.693 6	0.426 5	0.814 5	0.511 5	0.350 2	0.661 1	0.708 3	0.251 5
$Wi8$	0.674 2	0.735 1	0.196 9	0.636 7	0.462 6	0.644 7	0.717 9	0.606 3
$Wi9$	0.525 0	0.374 1	0.573 0	0.492 4	0.742 1	0.531 9	0.487 9	0.738 5
$Wi10$	0.514 9	0.771 4	0.449 2	0.600 3	0.313 9	0.500 8	0.564 6	0.164 9
$Wi11$	0.723 9	0.753 6	0.627 2	0.485 4	0.428 3	0.657 5	0.516 9	0.493 1
$Wi12$	0.501 9	0.743 0	0.831 0	0.778 8	0.686 6	0.488 5	0.496 9	0.381 5
$Wi13$	0.631 7	0.598 5	0.839 0	0.470 7	0.734 5	0.479 4	0.488 7	0.457 3
$Wi14$	0.502 4	0.475 3	0.449 5	0.506 3	0.556 2	0.492 3	0.690 4	0.398 2
$Wi15$	0.487 6	0.418 7	0.571 7	0.768 2	0.840 6	0.667 4	0.692 5	0.477 8

表 3.3 图像参数计算

图像类型	指标	滤波前	滤波后
含高斯噪声图像	PSNR	14.35	20.48
	MSE	2 390.31	582.07
	MAE	39.56	18.99
含脉冲噪声图像	PSNR	12.61	24.58
	MSE	3 569.20	226.74
	MAE	25.69	11.08

续表 3.3

图像类型	指 标	滤波前	滤波后
含乘性噪声图像	PSNR	18.82	24.74
	MSE	853.95	218.55
	MAE	24.96	11.07
模糊神经网络融合图像	PSNR	21.35	26.30
	MSE	486.88	159.23
	MAE	18.13	8.98
SOFM 神经网络融合图像	PSNR	19.75	25.19
	MSE	689.66	193.53
	MAE	20.94	10.24

在完成了上述图像模拟实验以后，为了验证本章方法的实用性，本文又分别从复旦大学附属华山医院采集了两组同源含噪声 MRI 图像，直接对含噪 MRI 图像进行了融合实验，其中第一组为第 46 秒采集的第七帧和第八帧图像；第二组为第 47 秒采集的第三帧和第四帧图像，具体参见图 3.11 和图 3.12.

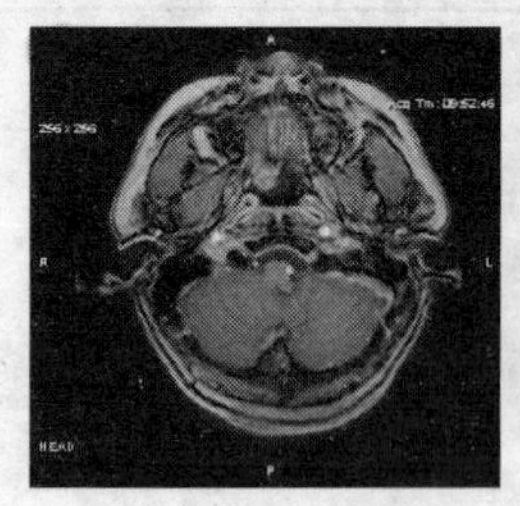

(a) 含噪MRI图像1
(E=6.066 0 PSNR=18.39)

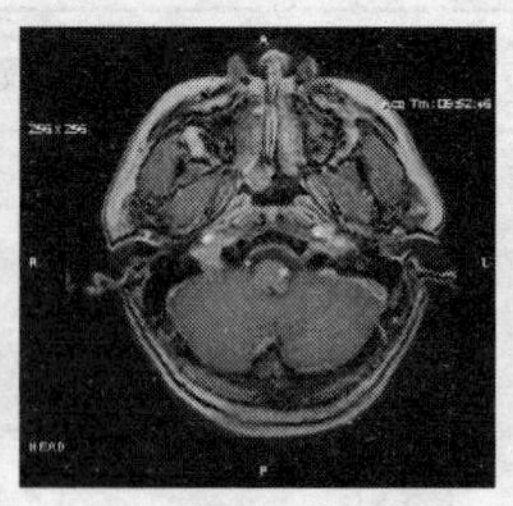

(b) 含噪MRI图像2
(E=5.942 5 PSNR=16.87)

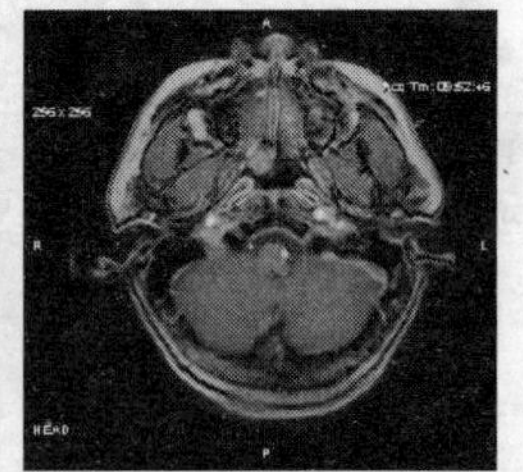

(c) 含噪图像融合结果
(E=6.117 8 PSNR=19.71)

图 3.11　同源含噪 MRI 图像融合实验一

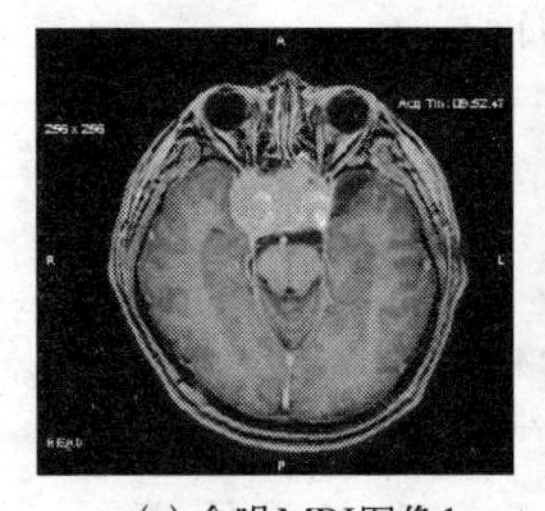

(a) 含噪MRI图像1
(E=5.410 6 PSNR=12.87)

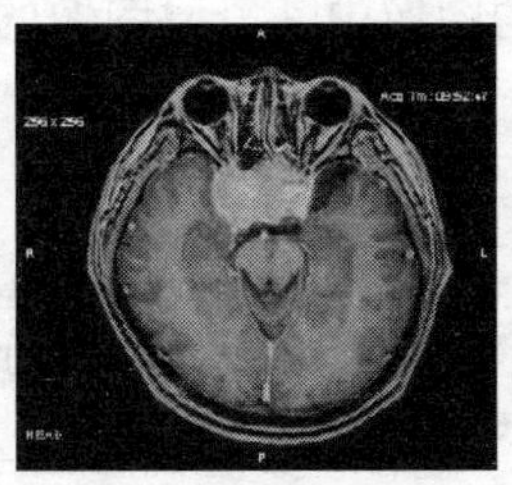

(b) 含噪MRI图像2
(E=5.461 1 PSNR=13.76)

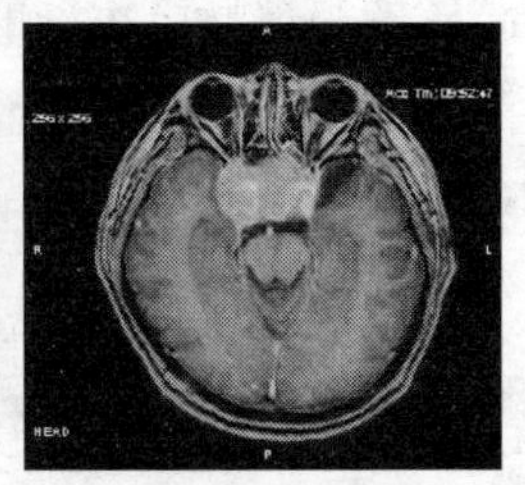

(c) 含噪图像融合结果
(E=5.666 9 PSNR=15.43)

图 3.12 同源含噪 MRI 图像融合实验二

针对上述的融合实验,本文对每一组实验图像的信息熵及峰值信噪比、均方误差和平均绝对误差进行了计算. 其中,在计算图像的峰值信噪比、均方误差和平均绝对误差时都以每秒采集的第一帧图像为参考图像,具体结果参见表 3.4.

表 3.4 图像的参数比较

图像参数	实验一			实验二		
	(a)	(b)	(c)	(a)	(b)	(c)
Entropy	6.066 0	5.942 5	6.117 8	5.410 6	5.461 1	5.566 9
PSNR	18.39	16.87	19.71	12.87	13.76	15.43
MSE	942.22	1 335.94	872.32	3 356.19	2 732.99	2 238.79
MAE	27.44	33.72	24.06	58.90	50.68	42.13

从表 3.4 可以看出,实验一的融合图像信息熵为 6.066 0,比融合前的两幅噪声图像的熵都大,信息量增加了,而且其峰值信噪比也增加了,提高到了 19.71 dB,这就证明噪声图像在一定程度上得到了恢复;同样,在实验二中,融合图像的信息熵达到了 5.566 9,也比融合前的两幅噪声图像的信息量大,其峰值信噪比也高于融合前的两幅图像. 由此可以得出结论,本章所提方法可以有效地对含噪图像进行融

合,从多幅被噪声污染的图像中恢复原图像的信息.

3.4 小结

本章的目的是通过对集成计算智能的分析,提出一种融合效果优于神经网络方法的模糊神经网络图像融合方法.

首先,本章论述了模糊神经网路的基本理论,包括它的概念、结构和学习算法;

然后,本章又论述了模糊神经网络在信息融合方面的应用,阐述了它的基本原理及关键技术;

最后,在对基于神经网络的图像融合方法分析的基础上,针对含噪图像信息的模糊性,提出了一种基于模糊神经网络的图像信息融合方法,通过对含噪图像的像素进行模糊聚类既实现了图像的精确信息处理,又实现了图像的模糊信息处理. 仿真结果及实验对比验证了本章所提方法优于神经网络方法. 对实际含噪图像的处理证明了本章方法的适用性,同时也证实了本章方法理论上的正确性.

第四章　基于小波神经网络的图像信息融合

在第三章,本文顺利实现了基于模糊神经网络的图像信息融合. 在这一章,本文关注的是另一个研究热点,那就是小波理论与神经网络的集成. 目前,小波理论在各种实际应用中已有许多算法,但小波真正的实用领域通常只局限于低维情形,而要构造高维的小波,在本质上相当困难. 因此为了充分发挥小波变换的优势,将难以确定结构参数但具有强高维信息处理能力的神经网络与小波结合集成使用,必将取长补短,获得既易于确定结构参数,又能有效处理高维问题的高性能的新模型,小波神经网络就是这样的一种新型网络. 自 1992 年 Zhang Qinhua 和 Benveniste 首次明确提出小波神经网络的概念以来[56,147],小波神经网络以其良好的时频局域化特性,已广泛地被应用于时序预测、人脸检测、系统辨识及模式识别领域[147,156]. 本章正是基于这样的基础,在充分分析了小波神经网络理论的基础上,利用小波神经网络良好的图像识别与分类能力,构造了全新的小波神经网络,提出了基于这种构造小波神经网络的图像信息融合方法. 以下先论述小波神经网络的基本概念.

4.1　小波神经网络

小波神经网络是建立在小波理论基础上的一种新型神经网络模型. 它一方面充分利用了小波变换的时频局部化特性,另一方面又充分发挥了神经网络的自学习功能,从而具有较强的逼近与容错能力. 本节在论述了小波神经网络共同的数学基础以后,主要论述了小波神经网络的模型与算法.

4.1.1 小波神经网络的数学基础

设R表示实数集合,Z表示整数集合,$L^2(R)$表示平方可测可积一维函数的$Hibert$空间,即能量有限的信号空间,V_j表示闭子空间:

命题1 对充分大的整数J, $L^2(R) \approx V_j$;

命题2 $L^2(R) = \sum_{j \in Z} \oplus W_j$;

命题3 对某个整数J, $L^2(R) = V_j \oplus \sum_{j \geqslant J} \oplus W_j$.

这样,根据如上的事实,对任意的函数$f(x) \in L^2(R)$,对任意的$\varepsilon > 0$,总存在函数$f^m(x)$, $m = 1, 2, 3$,使得对充分大的J,有:

$$\| f - f^m \| \leqslant \varepsilon \tag{4.1}$$

这就是几乎所有小波神经网络的数学基础,只要合理设定函数$f(x)$,就可以得到不同类型的小波神经网络模型.

4.1.2 小波神经网络的模型

在阐述小波神经网络的模型之前,先简单介绍小波分析的概念[148].

设$\psi(t) \in L^2(R)$,其傅里叶变换为$\psi(\omega)$,当$\psi(\omega)$满足条件时,称$\psi(t)$为一个基本小波或母小波. 将$\psi(t)$母函数经伸缩和平移后,就可以得到一个小波序列. 令:

$$\psi_{a,b}(t) = \frac{1}{\sqrt{|a|}} \psi \left| \frac{t-b}{a} \right|, \ a, b \in R; \ a \neq 0 \tag{4.2}$$

称为由母函数ψ生成的依赖于参数a, b的连续小波.

对于任意函数$f(t) \in L^2(R)$,定义其小波变换为

$$W_f(a, b) = (f, \psi_{a,b}) = \frac{1}{\sqrt{|a|}} \int_{-\infty}^{\infty} f(t) \psi \left| \frac{t-b}{a} \right| dt \tag{4.3}$$

在小波变换的基础上,小波神经网络可以定义为:在一个神经网络中,如果网络的传递函数是由一个小波函数系构成,那么该神经网

络就被称为小波神经网络. 其表达式为:

$$y_i(t) = f\left|\sum_{j=1}^{k} W_{ij} \cdot \left|\sum_{k=1}^{M} x_k(t) \cdot h\left|\frac{k-b_j}{a_j}\right|\right|\right| \tag{4.4}$$

其中, $x_k(k=1, 2, \cdots, M)$ 是输入的第 k 个训练矢量 $X(t)$, $y_i(i=1, 2, \cdots, N)$是第 i 个输出矢量,M 是输入层的节点数,N 是输出层的节点数,k 是隐层的节点数.

因为小波神经网络的模型有多种,本节根据图像融合研究的需要,重点对用于图像与模式识别的小波神经网络模型进行了分析,其结构如图 4.1 所示.

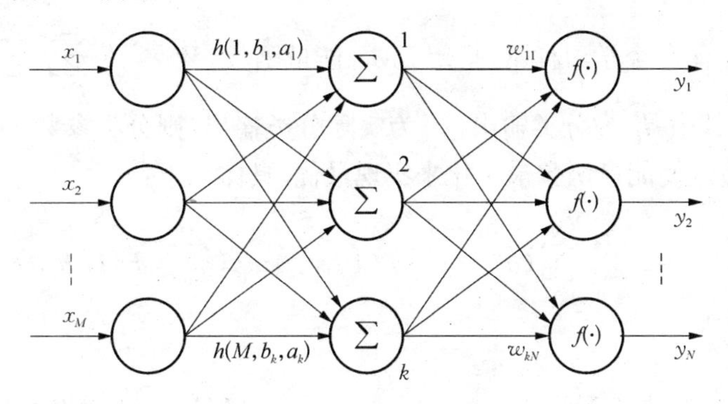

图 4.1　小波神经网络结构图

在该网络中,输入矢量 $X=[x_1, x_2, \cdots, x_M]^T$,输出矢量 $Y=[y_1, y_2, \cdots, y_N]^T=f[WU]$, 输入层到隐层的连接权为小波函数 $h(i, b_j, a_j)=h\left|\frac{i-b_j}{a_j}\right|$, w_{ij} 为隐层到输出层的连接权 $f(z)=\frac{1}{1+e^{-z}}$,权值矩阵为:

$$W=\begin{vmatrix} w_{11}\cdots w_{1N} \\ \vdots \\ w_{k1}\cdots w_{kN} \end{vmatrix}, U=\begin{vmatrix} u_1 \\ \vdots \\ u_k \end{vmatrix}=\begin{vmatrix} \sum_{i=1}^{M} x_i h(i, b_1, a_1) \\ \vdots \\ \sum_{i=1}^{M} x_i h(i, b_k, a_k) \end{vmatrix} \tag{4.5}$$

对于给定的小波函数 $h(\cdot)$，通过对尺度 a_j 和位移 b_j 的调节，自适应生成小波基函数 U，不同的输入样本，U 将自适应调整到最佳.

在这个图像识别模型中，特征提取是在网络内部通过对输入的图像作小波变换来实现的，特征提取以后，被输入到下一层的分类网络中，得到分类的目的.

4.1.3 小波神经网络的学习算法

根据上一节适用于图像分类的小波神经网络模型，给出如下随机梯度训练算法.

设有 L 个学习样本，采用 LMS 能量函数，$W = \frac{1}{2}\sum_{p=1}^{L}\sum_{i=1}^{N}(d_i^p - y_i^p)^2$，其中 d_i^p 为分类输出，y_i^p 为实际分类输出，则分类参数 w_{ij}，a_j，b_j 可通过使能量函数最小化来实现最优，具体如下：

$$\frac{\partial E}{\partial w_{ij}} = -\sum_{p=1}^{L}\sum_{j=1}^{N}(d_i^p - y_i^p)y_i(1-y_i)w_{ij}\left(\sum_{i=1}^{M}x_i h(i, b_j, a_j)\right) \tag{4.6}$$

$$\frac{\partial E}{\partial a_j} = -\sum_{p=1}^{L}\sum_{j=1}^{N}(d_i^p - y_i^p)y_i(1-y_i)w_{ij}\left(\sum_{i=1}^{M}x_i \frac{\partial h(i, b_j, a_j)}{\partial a_j}\right) \tag{4.7}$$

$$\frac{\partial E}{\partial b_j} = -\sum_{p=1}^{L}\sum_{j=1}^{N}(d_i^p - y_i^p)y_i(1-y_i)w_{ij}\left(\sum_{i=1}^{M}x_i \frac{\partial h(i, b_j, a_j)}{\partial b_j}\right) \tag{4.8}$$

小波网络的参数优化公式为：

$$x_{ij}(t+1) = x_{ij}(t) - \eta\frac{\partial E}{\partial w_{ij}} + \alpha_w \Delta w_j(t) \tag{4.9}$$

$$a_j(t+1) = a_j(t) - \eta_a\frac{\partial E}{\partial a_j} + \alpha_a \Delta a_j(t) \tag{4.10}$$

$$b_j(t+1)=b_j(t)-\eta_b\frac{\partial E}{\partial b_j}+\alpha_b\Delta b_j(t) \tag{4.11}$$

其中,k 是迭代次数,η 是学习率,α 是动量因子.

具体的训练过程如下:

第一步:计算取得一个搜索方向;

第二步:使用一个可变的步长来计算新的权值矢量.

每一步:迭代通过计算第一步和第二步来修改参数矢量 W,a 和 b,在寻找最优步长时最好使用线性搜索,这样可以减少达到收敛时迭代的次数.

根据上述学习算法,本文给出了小波神经网络的算法流程图,如图 4.2 所示.

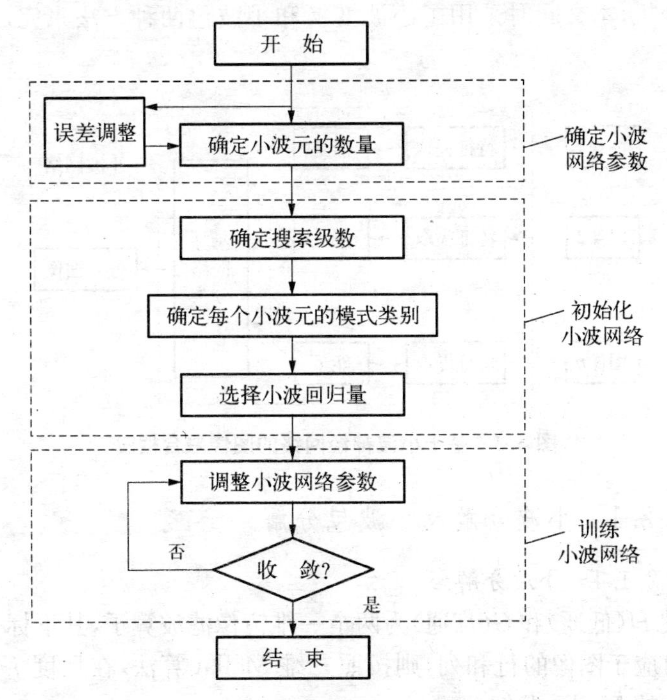

图 4.2 小波网络学习算法流程图

4.2 基于小波神经网络的图像信息融合

基于第一节小波神经网络的模型和算法，针对彼此间信息相互独立而又具有互补性的图像，本文构造了一个小波神经网络模型，提出了一种基于小波神经网络的图像融合新方法，其主要思想就是先通过小波分解或小波包分解提取图像的特征系数，然后再计算这些特征系数的能量，将其作为下一级神经网络输入的特征向量，分类后综合所有的特征向量直接融合，参见图 4.3. 因此本节的内容安排就是先论述小波分解和小波包分解的基本理论，然后给出计算能量特征向量的方法，最后给出具体的融合方案. 在实验过程中，为了进行对比分析，本文同时采用了小波变换和小波包两种方法来完成图像融合.

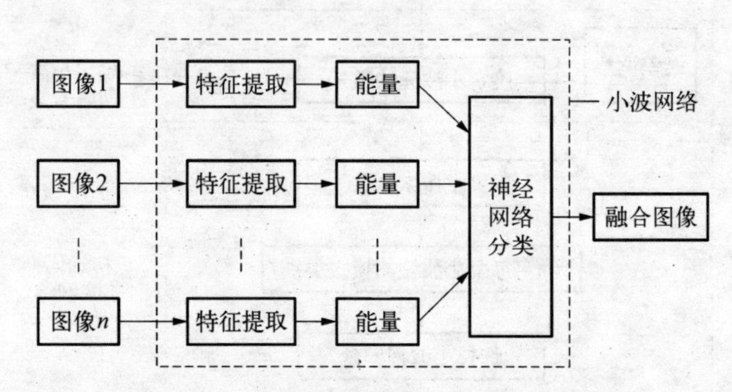

图 4.3 基于小波神经网络的图像融合框图

4.2.1 小波分解及小波包分解

4.2.1.1 小波分解

设 H(低通)和 G(高通)为两个一维镜像滤波算子，其下标 r 和 c 分别对应于图像的行和列，则按照二维 Mallat 算法，在尺度 $j-1$ 上有如下的 Mallat 分解公式：

$$\begin{cases} C_j = H_c H_r C_{j-1} \\ D_j^1 = G_c H_r C_{j-1} \\ D_j^2 = H_c G_r C_{j-1} \\ D_j^3 = G_c G_r C_{j-1} \end{cases} \tag{4.12}$$

这里，C_j，D_j^1，D_j^2，D_j^3 分别对应于图像 C_{j-1} 的低频成分、垂直方向上的高频成分、水平方向上的高频成分及对角方向上的高频成分．与之相应的二维图像的 Mallat 重构算法为：

$$C_{j-1} = H_r^* H_c^* C_j + H_r^* G_c^* D_j^1 + G_r^* H_c^* D_j^2 + G_r^* G_c^* D_j^3 \tag{4.13}$$

其中，H^* 和 G^* 分别为 H，G 的共轭转置矩阵．

目前，在进行与小波分析有关的图像融合过程中，存在两大问题：一是最佳小波基函数的选取；二是最佳小波分解层数的选取．本文在进行小波分解时，分解层数为三层，选用的小波函数为 Bior3.7，如图 4.4 所示，其主要特性是具有线性相位性，因此经常被用在信号与图像的处理当中．

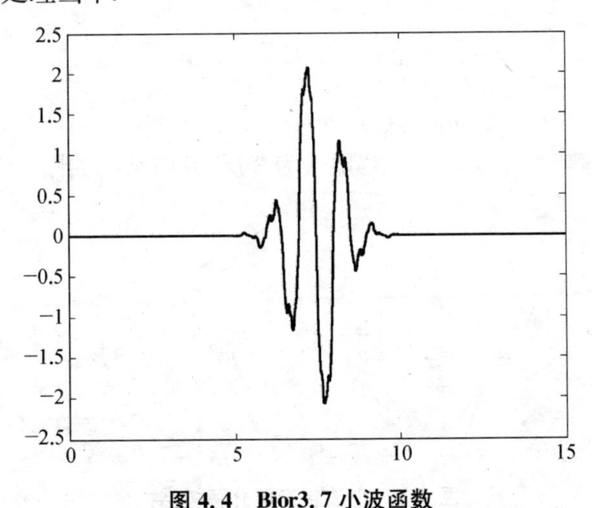

图 4.4　Bior3.7 小波函数

4.2.1.2　小波包分解

如果将尺度函数 $\varphi(t)$ 和正交小波函数 $\psi(t)$ 分别记为 $\mu_0(t)=\varphi(t)$ 和 $\mu_1(t)=\psi(t)$，则小波包定义为由尺度函数 $\mu_m(t)$ 确定的函数簇.

$$\begin{cases}\mu_{2m}(t)=\sum\limits_{k\in z}h_k\mu_m(2t-k)\\ \mu_{2m+1}(t)=\sum\limits_{k\in z}g_k\mu_m(2t-k)\end{cases}\quad k,\ m\in z \tag{4.14}$$

把多分辨分析中的 Mallat 算法推广到小波包，就可得到小波包分解的递推公式

$$\begin{cases}d_k^{2m}=\dfrac{1}{2}\sum\limits_{l\in z}d_l^m h_{l-2k}^*\\ d_k^{2m+1}=\dfrac{1}{2}\sum\limits_{l\in z}d_l^m g_{l-2k}^*\end{cases} \tag{4.15}$$

其中，h_k 为低通滤波系数，g_k 为高通滤波系数，$*$ 表示复共轭.

由式(4.15)，根据 $\{d_k^{2m}\}$ 及 $\{d_k^{2m+1}\}$，就可以求出 $\{d_k^m\}$，从而得到小波包重构的递推公式

$$d_k^m=\sum_{l\in z}[h_{l-2k}^*d_k^{2m}+g_{l-2k}^*d_k^{2m+1}] \tag{4.16}$$

函数集 $\mu_{j,n}=(\mu_{j,n,k}(t),\ k\in z)$ 是一个 (j,n) 小波包，本文进行小波包分解时，规定最大分解层数为 3 层，其树结构如图 4.5 所示.

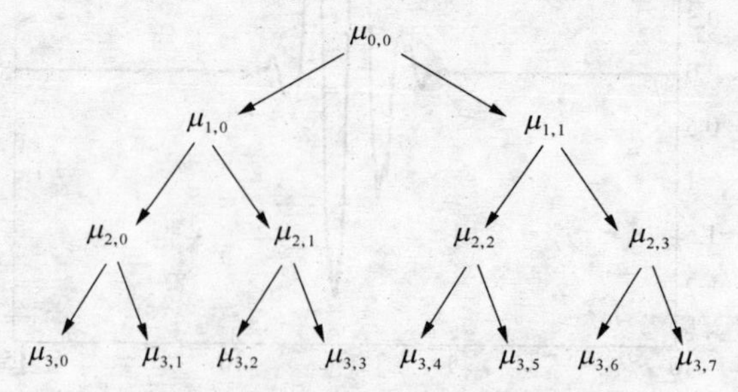

图 4.5　小波包三层分解树结构

在上述的小波包中，j 是一个尺度参数，定义的是小波包分解的深度；n 是一个频率参数，定义的是函数 $\mu_n(t)$ 在树结构中的位置.

本文在进行小波包分解实验时，选用 Sym2 函数，其波形如图4.6所示，该函数是由 Daubechies 提出的近似对称的小波函数，它是对 db 函数的一种改进.

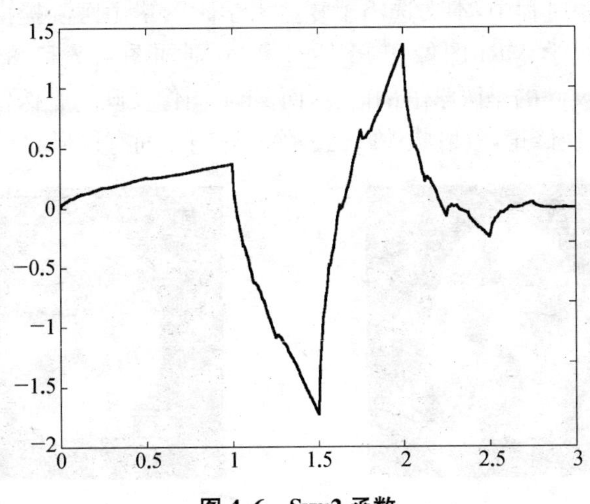

图 4.6　Sym2 函数

4.2.2　特征向量的计算

图像经小波和小波包分解后，就可以根据分解系数计算所需的图像特征向量. 定义图像系数的能量为 Ene，则：

$$Ene = \sum_{i=0}^{N-1} \sum_{j=0}^{N-1} f(i,\ j)^2 \tag{4.17}$$

其中，$f(i,\ j)$ 为该系数第 i 行第 j 列像素的值，N 为像素矩阵的行或列.

4.2.3　融合方案

设有 N 幅图像，表征各个图像信息的特征向量分别为 T_1，

T_2，$\cdots T_N$，根据图像之间的关系，如果这些特征间的关系是互补的，那么它们间的关系就是独立不相关的，在这种情况下，直接组合这些特征，就可以得到所需的融合特征矢量$\{T_1, T_2, \cdots, T_N\}$.

4.2.4 实验结果与对比分析

在实验过程中，本文选用了复旦大学附属华山医院提供的两张信息互补的医学 MRI 图像和 PET 图像，分别如图 4.7 和图 4.8 所示，MRI 图像反映的是医学解剖信息，而 PET 图像反映的是医学功能信息(该图像已经修正，放射状伪影已去除)，它们之间有很强的互补性.

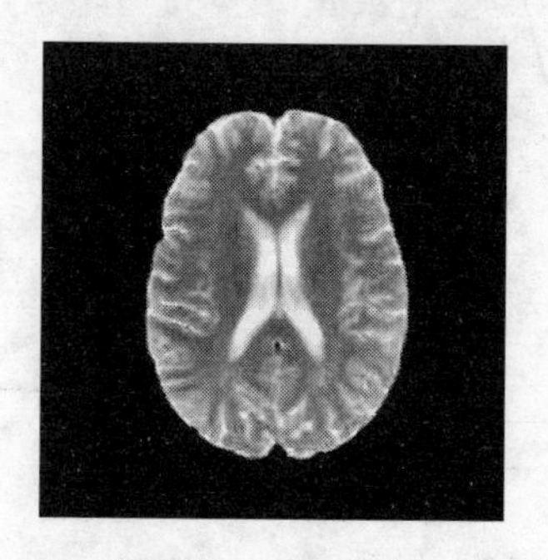

图 4.7 MRI 图像

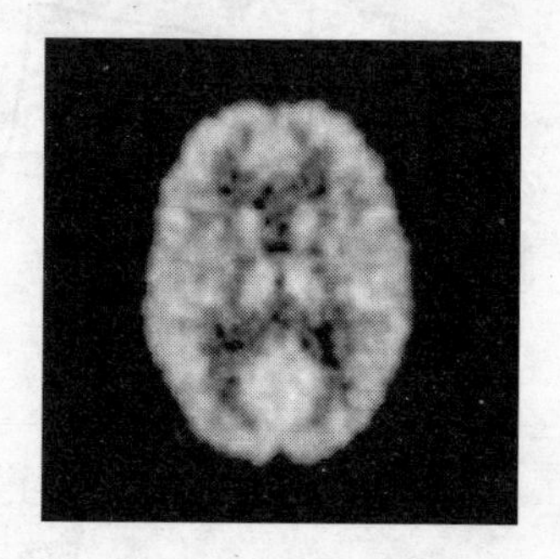

图 4.8 PET 图像

在融合实验之前，先对所构造的网络进行训练，因为提取的能量特征数值都比较大，所以对其进行归一化处理，表 4.1 为输入样本集.

对上述输入样本再进行归一化处理，得到如表 4.2 所示的数据.

经训练后，得到了以下归一化的样本输出，参见表 4.3：

该网络具体的训练结果如下，具体训练曲线参见图 4.9.

TRAINLM：0/10 000 epochs，mu = 0.001，SSE = 9.971 52.

TRAINLM：25/10 000 epochs，mu = 0.001，SSE = 0.937 677.

TRAINLM：50/10 000 epochs，mu = 0.001，SSE = 0.246 769.

TRAINLM：75/10 000 epochs，mu = 0.001，SSE = 0.003 789 18.

TRAINLM：78/10 000 epochs，mu=0.000 1，SSE=0.000 297 905.

表 4.1 训练样本

训练样本集					
0. 257 629	0. 918 354	0. 436 026	0. 111 889	0. 222 778	0. 143 571
0. 286 143	0. 923 394	0. 487 205	0. 278 222	0. 389 111	0. 214 857
0. 314 657	0. 928 434	0. 538 385	0. 444 556	0. 610 889	0. 300 400
0. 357 429	0. 867 949	0. 461 615	0. 555 444	0. 444 556	0. 428 714
0. 428 714	0. 878 030	0. 525 590	0. 666 333	0. 555 444	0. 571 286
0. 471 486	0. 898 192	0. 538 385	0. 777 222	0. 666 333	0. 713 857
0. 713 857	0. 454 636	0. 205 718	0. 001 000	0. 001 000	0. 428 714
0. 856 429	0. 545 364	0. 308 077	0. 333 667	0. 333 667	0. 642 571
0. 984 743	0. 646 172	0. 436 026	0. 666 333	0. 666 333	0. 856 429
0. 827 914	0. 041 323	0. 256 897	0. 111 889	0. 111 889	0. 143 571
0. 884 943	0. 046 364	0. 589 564	0. 500 000	0. 333 667	0. 357 429
0. 941 971	0. 052 412	0. 922 231	0. 888 111	0. 666 333	0. 571 286
0. 528 514	0. 535 283	0. 384 846	0. 333 667	0. 222 778	0. 001 000
0. 642 571	0. 666 333	0. 717 513	0. 610 889	0. 555 444	0. 357 429
0. 756 629	0. 827 626	0. 999 000	0. 888 111	0. 888 111	0. 713 857
0. 571 286	0. 746 980	0. 384 846	0. 222 778	0. 111 889	0. 143 571
0. 642 571	0. 797 384	0. 487 205	0. 555 444	0. 333 667	0. 286 143
0. 713 857	0. 847 788	0. 640 744	0. 999 000	0. 555 444	0. 571 286
0. 001 000	0. 938 515	0. 538 385	0. 222 778	0. 222 778	0. 286 143
0. 015 257	0. 943 556	0. 589 564	0. 333 667	0. 278 222	0. 357 429
0. 029 514	0. 948 596	0. 640 744	0. 389 111	0. 333 667	0. 428 714

表 4.2 归一化样本

归一化样本数据							
0.995 986	0.078 229	0.212 277	0.165 231	0.263 807	0.016 635	0.328 394	0.477 794
0.587 187	0.335 846	0.149 669	0.300 400	0.512 342	0.357 419	0.535 229	0.893 312
0.509 810	0.568 679	0.969 709	0.170 141	0.709 380	0.710 844	0.581 886	0.736 077
0.052 708	0.906 585	0.747 005	0.806 506	0.667 897	0.528 742	0.684 630	0.936 076
0.479 693	0.605 455	0.399 834	0.348 863	0.671 556	0.589 487	0.468 463	0.892 164

表 4.3 归一化样本输出

归一化样本				
1	0	0	0	0
0	1	0	0	0
0	0	1	0	0
0	0	0	1	0
0	0	0	0	1

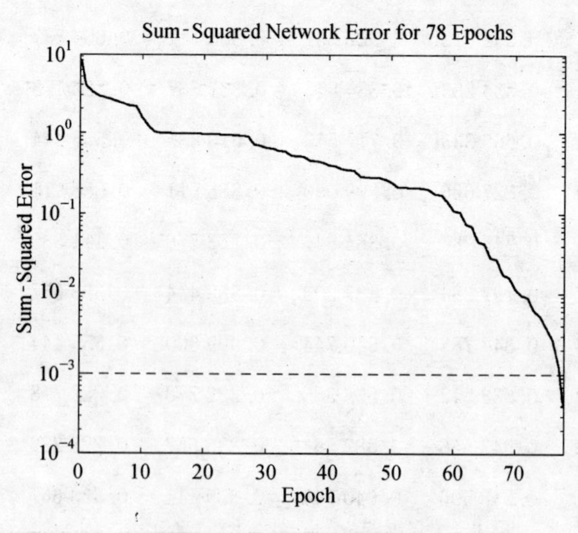

图 4.9 训练过程曲线图

从训练过程可以看出，该网络的收敛速度快，性能良好. 在此基础上，本文分别对两张图像进行了融合实验，最后得到如图 4.10 和图 4.11 所示的融合结果，为了突出融合的特征属性，本文对融合后的特征进行了分割.

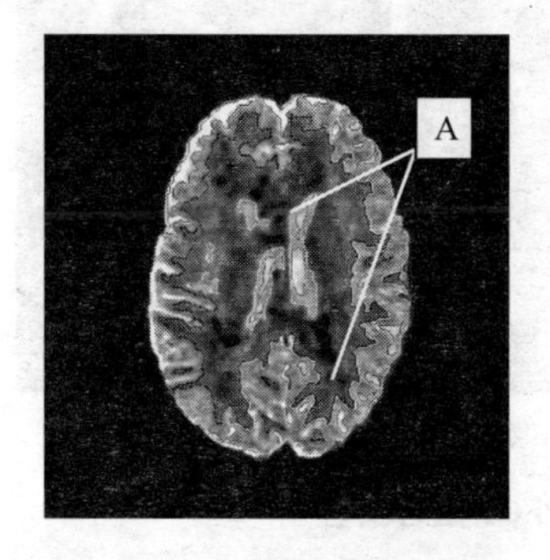

图 4.10　小波包法融合结果

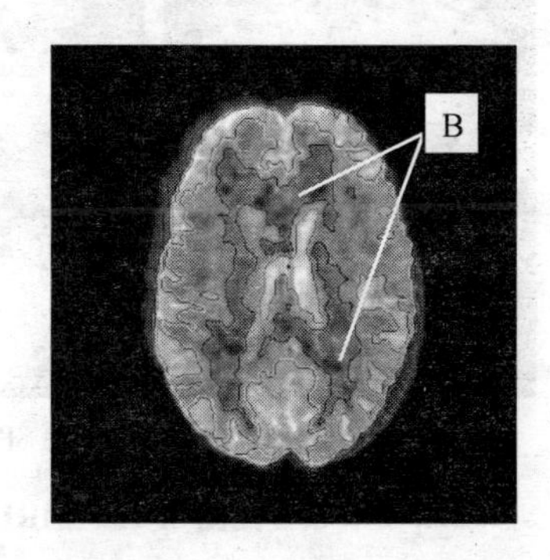

图 4.11　小波变换法融合结果

从图 4.10 及图 4.11 可以看出，融合前两幅原始图像的主要特征都显示在了同一幅融合图像上，但对比图 4.10 中的 A 区域及图 4.11 中的 B 区域，B 区域中的一些特征信息已经丢失，而 A 区域的特征细节比 B 区域的特征细节更突出、更明显，特征融合效果更好. 为了进一步分析融合效果，本文分别计算了两幅融合图像的信息熵，

图 4.10 的信息熵 $E = 4.2259$

图 4.11 的信息熵 $E = 3.9609$

从融合后图像的信息熵也可以看出，用小波包分解提取特征系数的融合效果要比小波变换法好，这与理论相吻合. 因为小波分解主要是集中于信息的低频部分，而对信息的高频部分就直接损失掉了；但小波包对低频和高频都能进行有效的分解，使两部分都能达到较高的精细程度.

为了验证本章方法的可重复性和有效性，本文又做了一组 MRI 图像和 SPECT 图像的实验，参见 4.12 图. 从图 4.12 中的 F 区域可

以看出,两张原始图像中的主要解剖信息及功能信息,经融合后基本上都能在同一幅图像中显示出来,达到了融合方案的预期目的.

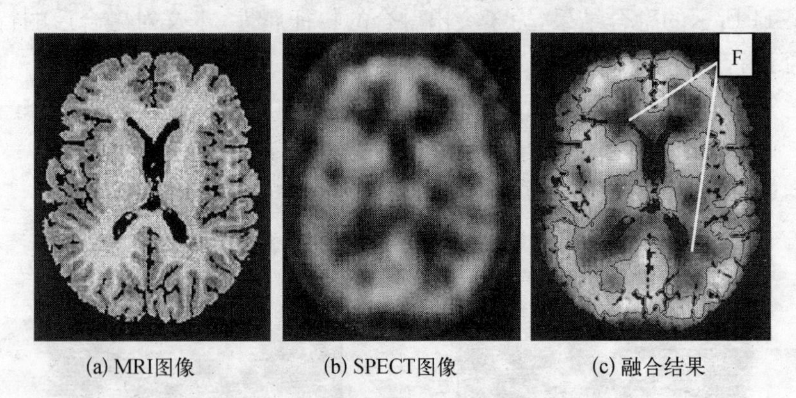

(a) MRI图像　　(b) SPECT图像　　(c) 融合结果

图 4.12　MRI 和 SPECT 融合实验

4.3　小结

本章的目的就是利用小波神经网络在图像与模式识别方面的优势,针对信息互相独立的图像,开发相应的图像融合算法.

首先,论述了小波神经网络的基本概念,对它的模型及学习算法作了重点说明;

然后,本文构造了一个小波神经网络模型,并且提出了一种基于该模型的图像融合方法,就是针对信息独立而互补性又很强的图像,通过在网络内部提取图像的特征系数,然后以能量向量作为下一级网络的输入特征矢量,最后,通过融合特征矢量,实现图像的融合. 训练仿真及对比实验都与理论相吻合,从而验证了该方法应用上的有效性和理论上的正确性.

第五章　基于粗神经网络的图像信息融合

粗集理论只能处理离散数据，且容错性与推广能力也比较弱；而神经网络具有较强的自组织、容错及推广能力，但却不能优选数据，所以将这两种理论集成使用必将增强它们的应用能力[158~166]. 关于此，本文已在第一章及第二章做了相关论述[37~48]，不再赘述. 本章的重点就是基于粗神经网络理论，提出了一种基于粗神经网络的图像信息融合方法. 首先，论述了粗神经元网络的基本概念；然后建立了用于图像融合的粗神经网络及其学习算法；在性能仿真的基础上，最后通过实验验证了该方法的有效性，并利用 Microsoft Visual FoxPro 6.0 开发平台，实现了图像融合的界面化操作.

5.1　粗神经网络

5.1.1　粗神经网络的结构

根据粗集与神经网络的连接方式和作用形式，本文将粗神经网络的结构分为四类.

(1) 预处理型

即一方的输出作为另一方的输入，如图 5.1 所示.

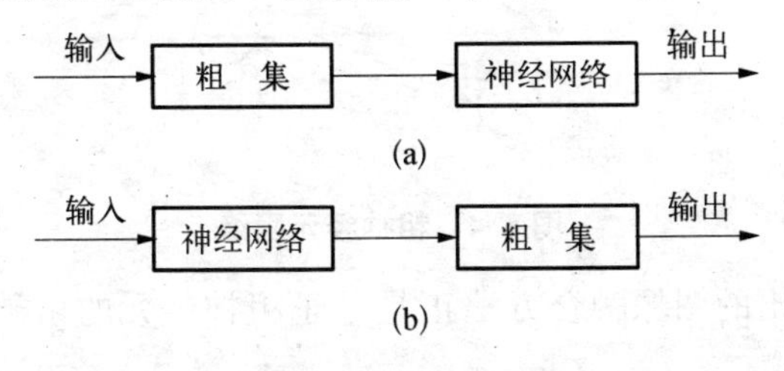

图 5.1　预处理型

(2) 并行运算型

即双方享有共同的输入,如图 5.2 所示.

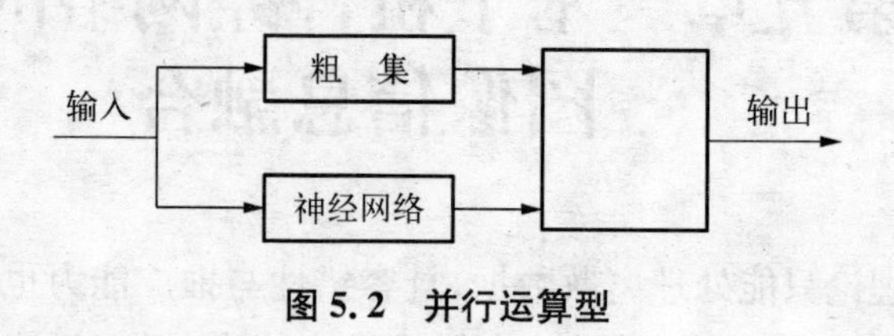

图 5.2 并行运算型

(3) 混合型

即粗集与神经网络混合连接构成新的神经网络,如图 5.3 所示.

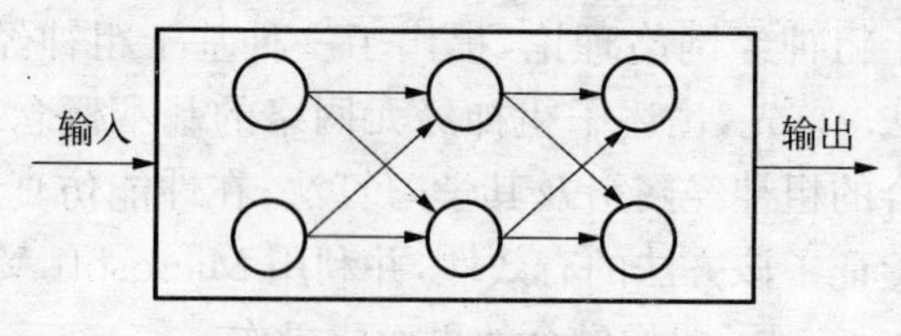

图 5.3 混合型

(4) 粗神经元型

即输入信息近似化,网络神经元为粗神经元,每个粗神经元由上近似元和下近似元两部分构成,分别代表粗集的上下近似值,如图 5.4所示.

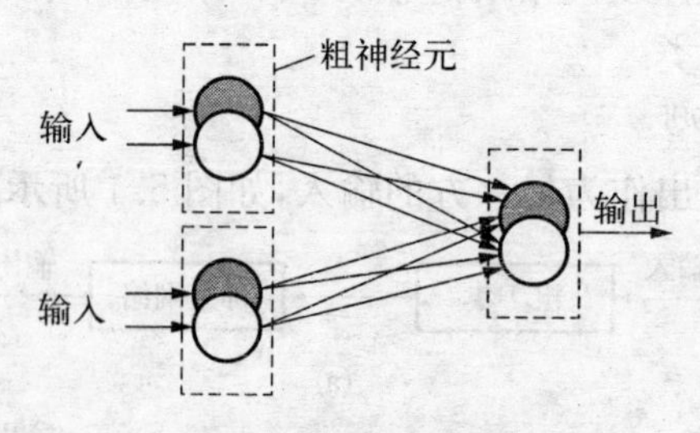

图 5.4 粗神经元网络

本文提出的图像融合方法正是基于粗神经元的粗神经网络. 因

此，下面予以详细论述：

首先，定义一个粗变量输入值 x，并且满足 $x_{-} \leqslant x \leqslant x^{-}$，其中，$x_{-}$ 表示粗集的下近似元，x^{-} 表示粗集的上近似元，则粗神经元输入值的网络结构如图 5.5 所示：

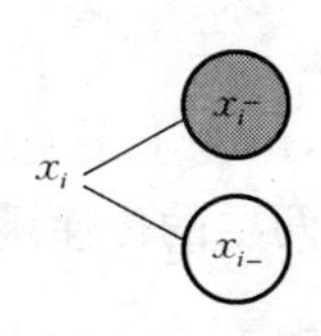

图 5.5　粗神经元输入值的网络结构

现设定两个不同的粗神经元 R 和 S，那么它们之间常用的连接方式有三种，如图 5.6 所示.

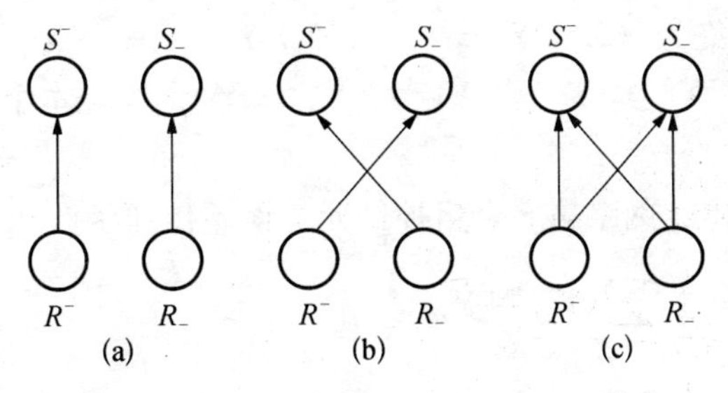

图 5.6　粗神经元之间的连接方式

那么，第 j 个粗神经元 S 的输入输出可定义为：

粗神经元 S 的输入：

$$Input_{S^{-}} = \sum_{i}^{j} (w_{R^{-}S_{ij}^{-}} \times Output_{R_i^{-}} + w_{R\_S_{i_j}^{-}} \times Output_{R\_}) \tag{5.1}$$

$$Input_{S\_} = \sum_{i}^{j} (w_{R\_S_{-i_j}} \times Output_{R\_} + w_{R\_S_{ij}^{-}} \times Output_{R^{-}}) \tag{5.2}$$

粗神经元 S 的输出：

$$Output_{S^{-}} = \max\{ f^{-}(Input_{R^{-}} - \theta_{S^{-}}),\ f_{-}(Input_{R\_} - \theta_{S\_}) \} \tag{5.3}$$

$$Output_{S_-} = \min\{f^-(Input_{R^-} - \theta_{S^-}),\ f_-(Input_{R_-} - \theta_{S_-})\} \tag{5.4}$$

其中,w 为上下两层的连接权;θ 为上下两层的阈值函数,f^- 和 f_- 为上下两层的传递函数.

5.1.2 粗神经网络的学习算法

假定粗神经网络共有 L 层,输入信号为 $X=\{x_1, x_2, \cdots, x_k\}^T$,输出信号为 $Y=\{y_1, y_2, \cdots, y_k\}$;粗神经元 i 和 j 之间的连接权值为 w_{ij};训练集为$\{(X_1, Y_1), \cdots, (X_p, Y_p), \cdots, (X_N, Y_N)\}$,其中 $X_p=(X_{p^-}, X_{p_-})$, $Y_p=(Y_{p^-}, Y_{p_-})$, N 为训练样本个数,p 为当前输入样本.

定义粗神经网络第 j 个粗神经元的误差传递函数如下:

$$\begin{aligned} E_p &= \frac{1}{2}\sum_j (Y_{jp} - \overline{Y}_{jp})^2 \\ &= \frac{1}{2}\sum_j [K(Y_{jp^-} - \overline{Y}_{jp^-}) - K(Y_{jp_-} - \overline{Y}_{jp_-})]^2 \end{aligned} \tag{5.5}$$

其中,Y_{jp^-} 和 Y_{jp_-} 分别表示粗神经元上下两层的理想输出;$\overline{Y}_{jp^-}$ 和 $\overline{Y}_{jp_-}$ 分别表示粗神经元上下两层的实际输出,K 为粗神经元上下两层的加权系数,若设:

$$O_p = Y_{jp^-} - Y_{jp_-},\ \overline{O}_p = \overline{Y}_{jp^-} - \overline{Y}_{jp_-}$$

则有:

$$E_p = \frac{K^2}{2}\sum_{p=1}^{m}[(O_p - \overline{O}_p)]^2 \tag{5.6}$$

目前,在训练神经网络时应用最普遍的一种方法是 BP 算法[46~48],但 BP 算法有其自身的弱点,它的收敛速度慢,还有可能收敛到局部极小点. 就粗神经网络而言,由于每个粗神经元的输出都有两个值,并且有大小之分,很难直接求导数,也就无法使用

常用的BP学习算法来训练，因此需要找到一种更为有效的训练方法. 本文采用的是遗传算法，因为遗传算法是一种随机的优化与搜索方法，它的搜索轨道有多条，而且具有良好的并行性、全局优化性和稳健性. 以下给出遗传算法的主要步骤及遗传算法的框图.

遗传算法的主要步骤如下：

(1) 随机产生一个由确定长度的特征串组成的初始群体；

(2) 对串群体迭代执行如下两步，直到满足停止准则：

1) 计算群体中每个个体的适应性；

2) 应用复制、交叉和变异算子产生下一代群体.

(3) 把在任一代中出现的最好的个体串指定为遗传算法的执行结果. 这个结果可以表示为问题的一个解(近似解).

遗传算法的框图如图5.7所示，其中变量k为当前代数，M为群体的规模.

根据图5.7所示的流程框图，可以将遗传算法形式化为：

```
Procedure Genetic Algorithm;
Begin
    K: =0;
      初始化 p(k); {p(k)表示第 k 代群体}
      计算 p(k)的适应值;
      While (不满足停止准则)  do
        Begin
          K: =k+1;
            从 p(k-1)中选择 p(k); {选择算子}
            重组 p(k); {交叉和变异算子}
            计算 p(k)的适应值;
          End
End;
```

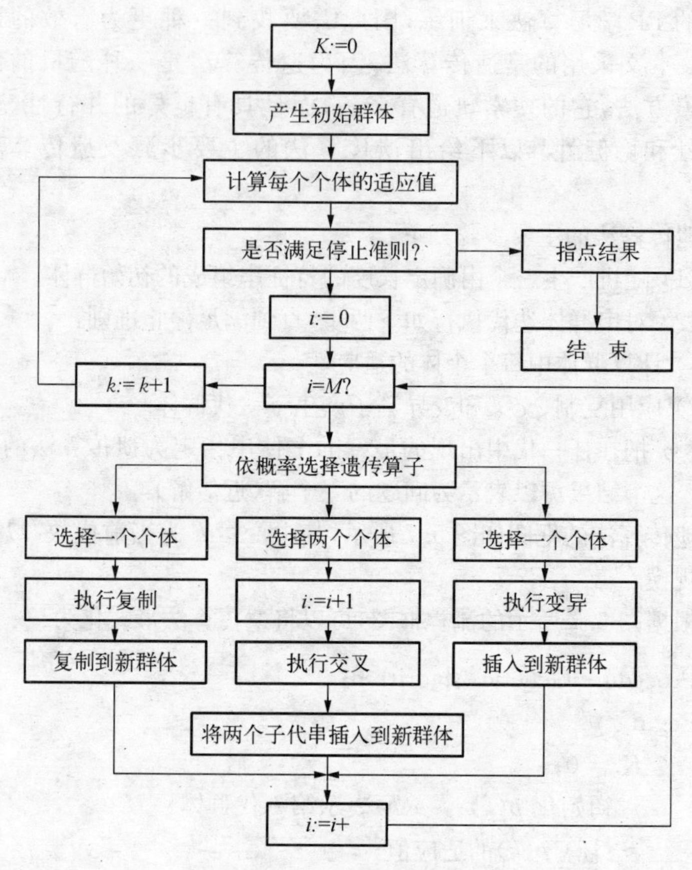

图 5.7 遗传算法框图

5.2 基于粗神经网络的图像信息融合

如本章第一节所述,粗神经网络集成了粗集和神经网络的优点,不仅能够处理传统的定量输入信息,而且能够处理定性或者混合性的输入信息,也就是说,粗神经网络能够处理有两个或一个范围的情况,因此可以用它来代替基于传统神经网络的信息融合,并能解决神

经网络方法不能解决的问题，特别是信源的特征可以用粗糙集表示时，如模式识别、图像处理领域等[39]~[46][159]~[164]．

5.2.1 用于图像融合的粗神经网络结构

图像融合按层次可分为像素级、特征级和决策级三种，本文提出的基于粗神经网络的图像融合属于像素级层次．如图 5.8 所示，粗神经网络结构分为三层：输入层、隐含层和输出层．其中，输入层为 9 个神经元，分别代表被处理像元和与其相邻近的另外 8 个像元的灰度值，而且两幅图像在同一位置像素点的灰度值分别相当于粗糙集的上下近似值；隐含层为 4 个神经元；输出层为一个神经元，该粗神经元的上下近似元的平均值代表被处理像元的融合结果．在处理过程中，各处的连接权值都假定为相等，也就是令粗神经元上下两层的输出相同；鉴于粗神经网络的特点，传递函数应为单值函数，本文将隐含层和输出层的传递函数 f^- 和 f_- 都选定为正切 *Sigmoid* 函数，当然也可以选定为对数 *Sigmoid* 函数，它们的数学表达式分别为：

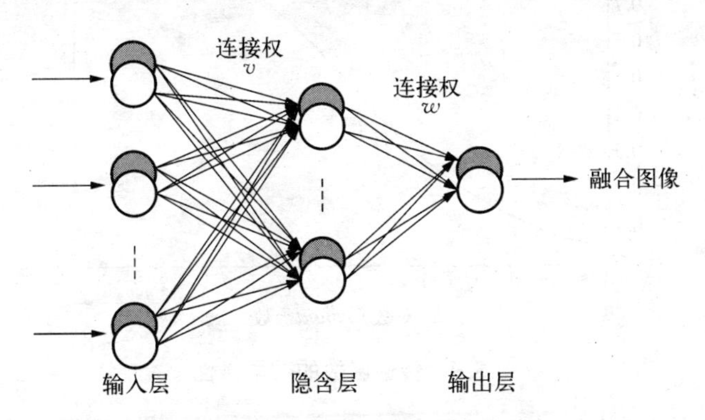

图 5.8 用于图像融合的粗神经网络结构

$$Sigmoid\text{ 函数}\quad f^- = f_- = \frac{1-e^{-2x}}{1+e^{-2x}} \tag{5.7}$$

$$\text{对数 } Sigmoid\text{ 函数}\quad f^- = f_- = \frac{1}{1+e^{-x}} \tag{5.8}$$

它们的数学特性如图 5.9 所示.

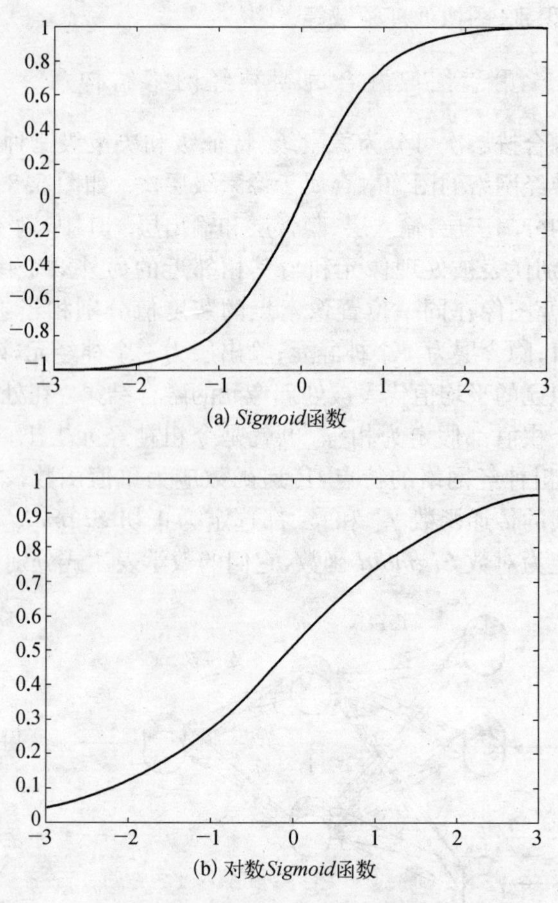

图 5.9 传递函数的数学特性

设置了网络的功能和属性以后,选用适当的学习算法进行训练,就可以进行图像融合实验了.

5.2.2 用于图像融合的粗神经网络学习算法

本文采用遗传算法来训练粗神经网络,关于遗传算法的基本原

理及步骤，在本文的第 5.1.2 节已进行了详细地论述，在此，只给出用于图像融合的遗传算法步骤，具体如下：

步骤一、编码，取粗神经元的阈值和连接权值作为染色体基因，如图 5.10 所示；

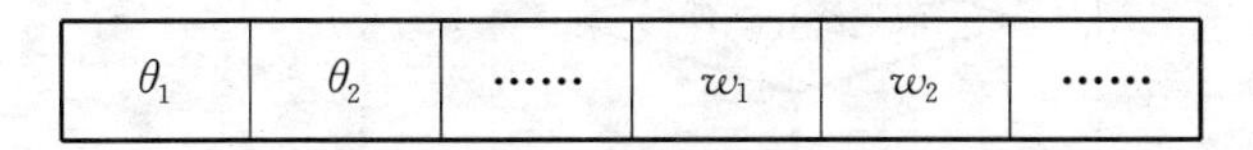

θ_1	θ_2	……	w_1	w_2	……

图 5.10 染色体基因

步骤二、计算粗神经网络输出的适应度；

步骤三、计算存活概率：计算染色体的适应度除以所有染色体的适应度之和；

步骤四、交叉融合，防止出现局部最小点，如图 5.11 所示；

步骤五、变异，防止局部最优；

步骤六、获得最优粗神经网络参数.

θ_1	θ_2	……	父代[1]	w_1	w_2	……
θ_1'	θ_2'	……	父代[2]	w_1'	w_2'	……

A 部分　　　　　　交叉点　　　　　　B 部分

θ_1	θ_2	……	子代[1]	w_1'	w_2'	……
θ_1'	θ_2'	……	子代[2]	w_1	w_2	……

图 5.11 交叉融合

基于上述步骤，本文给出如图 5.12 所示的学习算法流程：

根据上述算法，本文在图像样本集中选取了 200 个样本对本文用于图像融合的粗神经网络进行了训练，训练全局误差设为 1e－005，具体的训练结果如图 5.13 所示. 可以看出，该网络的学习性能良好，误差已经达到了预定的要求.

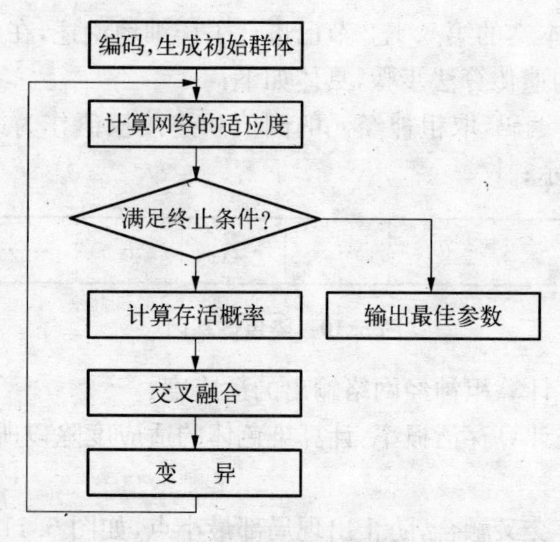

图 5.12　粗神经网络遗传算法流程图

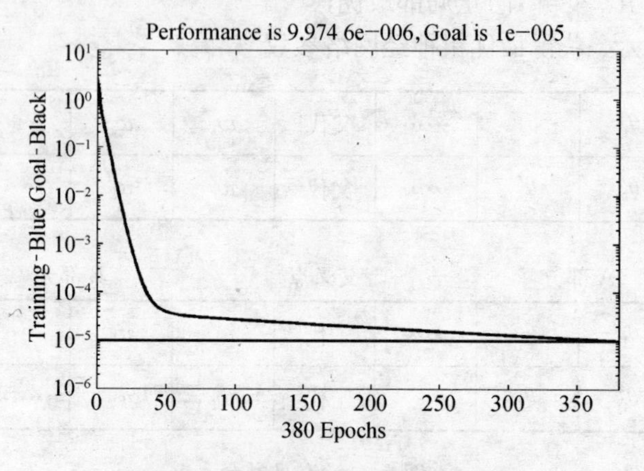

图 5.13　粗神经网络训练误差曲线

5.2.3　图像融合实验结果及分析

本节实验采用由北京师范大学资源学院提供的已经配准的 256×256 的 TM BAND3 图像(Landsat TM 图像的第三波段)和 SPOT 图像(法国 SPOT 卫星的 PAN 全色波段),分别如图 5.14 和图 5.15 所示.

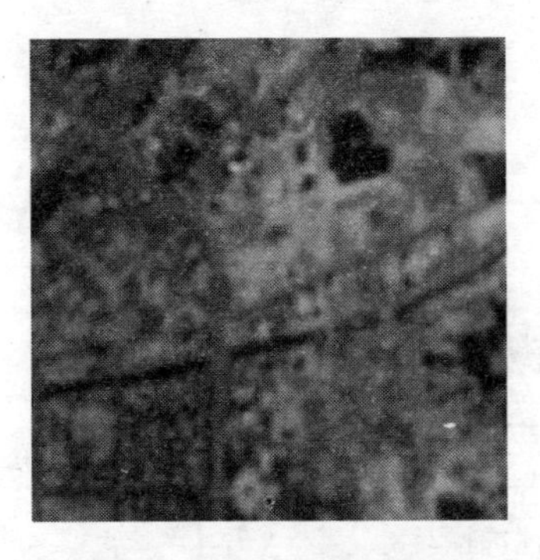

图 5.14 TM BAND3 图像

图 5.15 SPOT 图像

对于 Landsat TM 和 SPOT 图像，常用的方法是小波变换融合法，在这种方法中，由于直接舍弃了全色图像的低频分量，从而在一定程度上会损失全色图像的细节信息，并且细节信息损失的程度与小波分解的层数有关，即层数越低，细节损失越多. 本文采用粗神经网络方法融合，不对图像本身的信息做去留处理，而是利用输入的近似信息直接融合，从而避免了上述情况的发生. 为了方便操作和界面化设计，本文基于 Microsoft Visual FoxPro 6.0 开发平台，将基于粗神经网络的图像融合算法嵌入到整个设计过程中，实现了整个融合过程的软件化操作，具体说明如下.

(1) 进入系统

双击系统进入如图 5.16 界面，输入密码进入本系统.

(2) 进入 Rough Neural Network System，如图 5.17 所示.

(3) 点击"RNN"按钮，进入 Rough Neural Network System 系统，如图 5.18.

(4) 进行图像融合运算，如图 5.18，首先，要选择两张图片，分别点击"Please select image 1"和"Please select image 2"标签旁边的按钮，系统将弹出如图 5.19 所示的窗口，选择图片后，单击"确定"按钮，当两张图片分别选择完成后，如图 5.20，单击"Rough Neural Network Image Fusion"按钮，系统将对所选择的两张图像进行 Rough neural network 运算，得出如图 5.21 所示的融合结果，融合后按"Save as"键保存融合结果，如图 5.22 所示.

Logged on users

Number: 001

Name: Administrator

Password:

K. Enter　C. Exit

图 5.16　登录界面

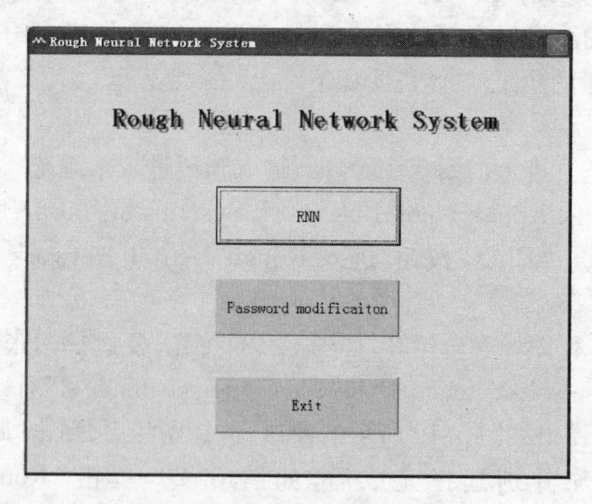

图 5.17　粗神经网络操作系统

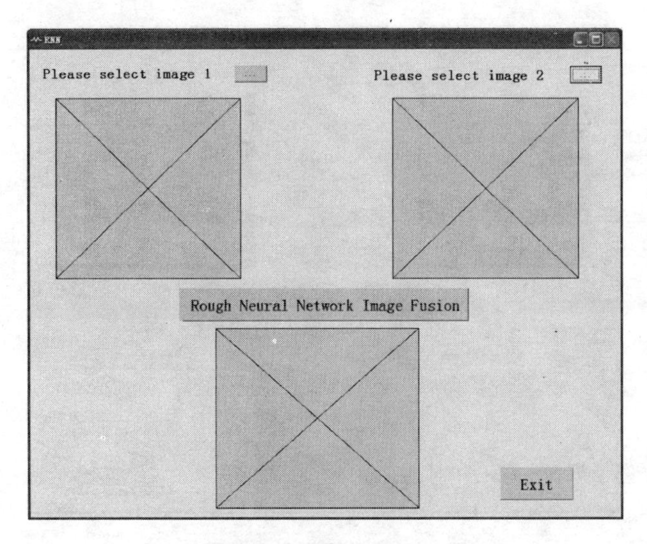

图 5.18　图像选择界面

打开
查找范围(I): Datas
band3.bmp
spot.bmp
文件名(N):
文件类型(T): 位图
确定
取消
帮助(H)
代码页(C)...

图 5.19　备用图像数据库

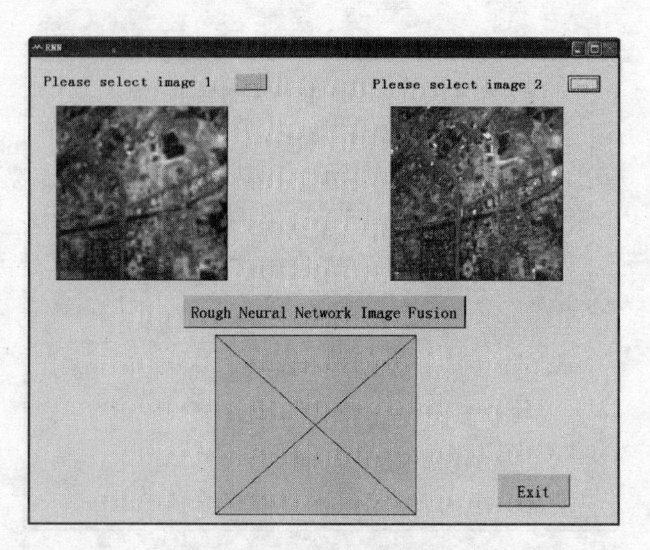

图 5.20　选择需融合的图像

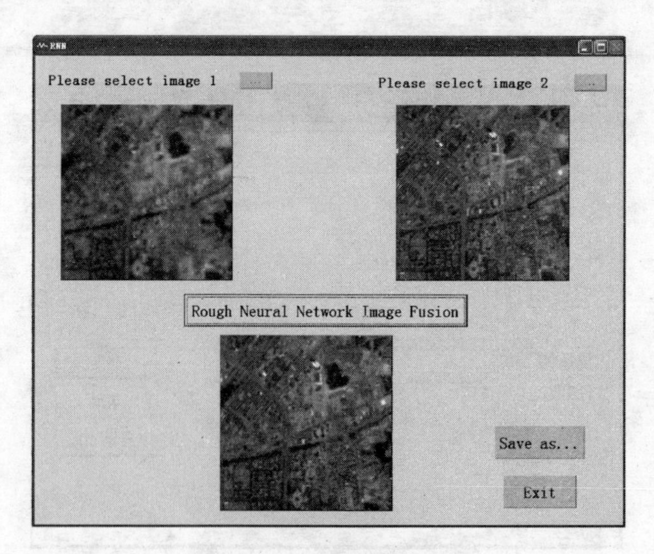

图 5.21　图像融合结果

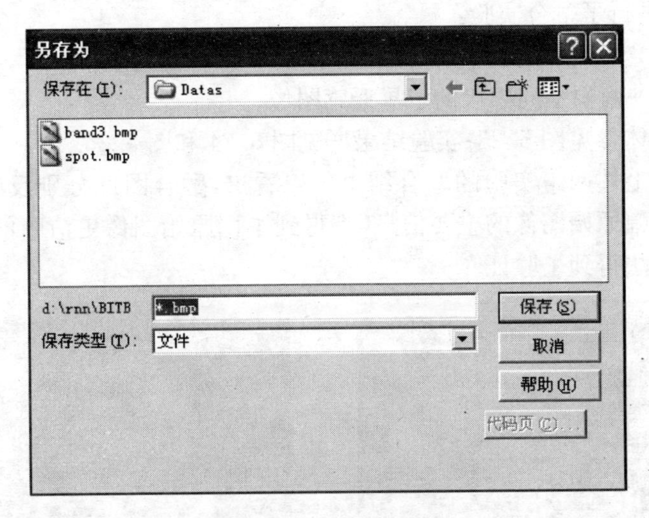

图 5.22　保存融合图像

针对图 5.21 中的融合结果,本文分别计算了 TM BAND3 图像、SPOT 图像以及融合图像的信息熵、均值和清晰度,见表 5.1.

表 5.1　图像性能参数比较

图像类别	信息熵	均　值	清晰度
TM BAND3	4.537	97.35	4.26
SPOT	5.133	62.79	10.78
融合图像	5.269	98.46	12.33

如表 5.1 所示,图像融合后,信息熵增加到 5.269,比 TM BAND3 图像及 SPOT 图像都大,表明融合后信息量增加了;均值也增加为 98.46,表明图像的亮度朝适中方向发展;而清晰度的增加反映了融合效果与视觉效果相一致的评价标准. 性能参数的计算验证了本章方法的有效性.

为了验证本章方法的适用性,本文又分别对下列两组图像(测试

图像)进行了融合实验:

(1) 两幅聚焦面不同的图像 clock A 和 clock B;

(2) 两幅不同频段的卫星遥感图像;

具体参见图 5.23;实验结果详见图 5.24 和图 5.25.

从上述两组实验的融合结果可以看出,融合图像分别反映了融合前两幅原始图像的主要信息,都得到了比原始图像更清晰的结果,本章方法得到了验证.

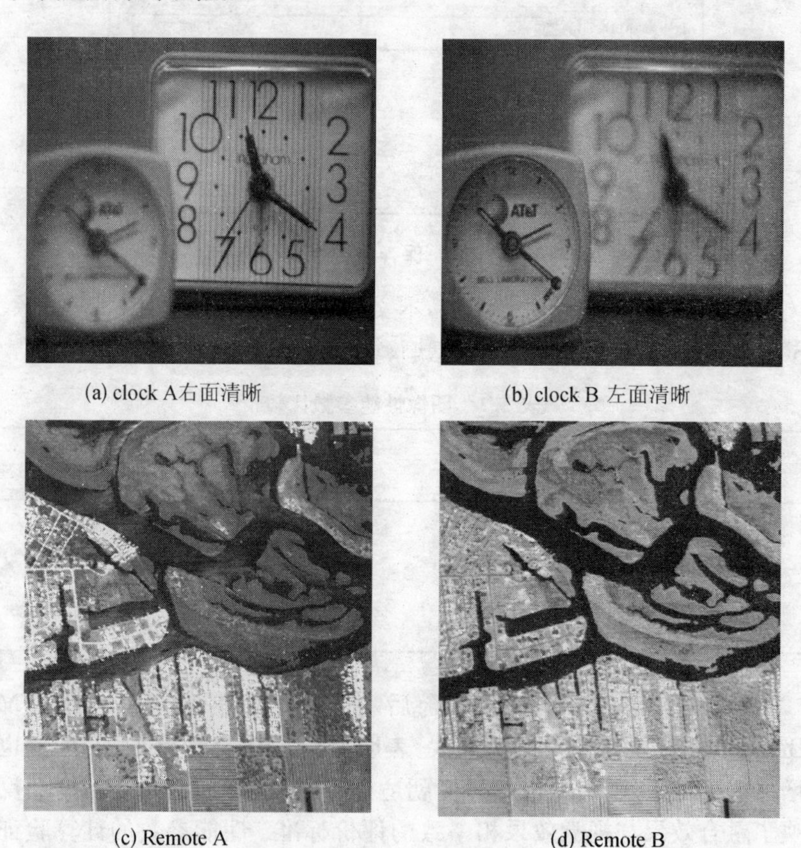

(a) clock A右面清晰　　(b) clock B 左面清晰

(c) Remote A　　(d) Remote B

图 5.23　用于实验的两组图像

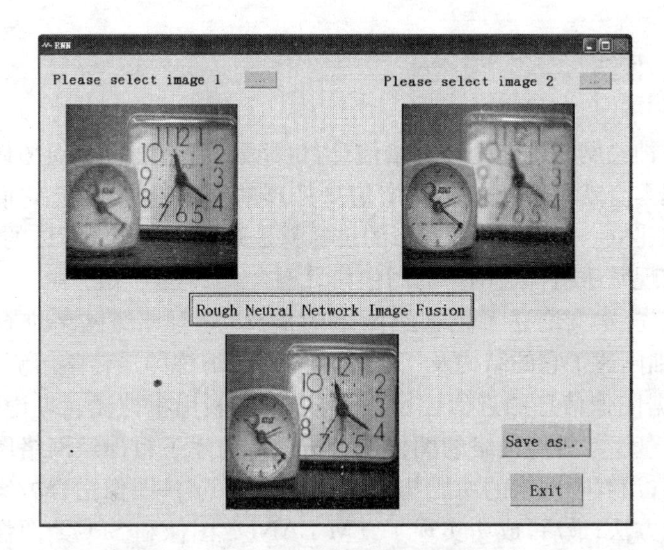

图 5.24　不同聚焦面图像的融合

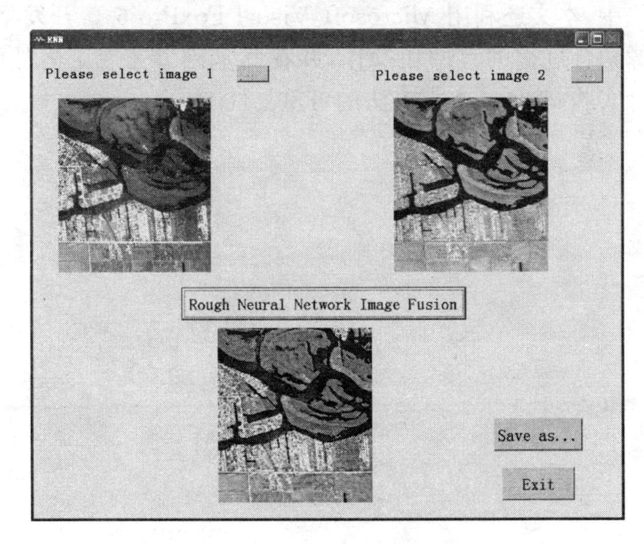

图 5.25　不同频段遥感图像的融合

5.3 小结

粗神经网络既能处理定量信息,也能处理定性信息,而图像融合的过程本身就是一个对不确定信息处理的复杂过程,因此它们之间必然能建立一定的联系. 本章的目的就是通过对粗神经网络的分析,成功实现基于粗神经网络的图像信息融合.

首先,本文论述了粗神经网络的概念,对粗神经网络进行了归类,详细阐述了它的结构及用于粗神经网络训练的遗传学习算法;然后,根据图像信息的近似性及不可分辨性,利用粗神经元理论,本文提出了基于粗神经网络的图像融合方法. 构建了粗神经网络图像融合模型;设置了网络的功能与属性;给出了用于该图像融合方案的遗传训练方法;最后,成功实现了 TM BAND3 图像和 SPOT 图像的融合,计算参数性能显示了本文方法的有效性和可行性. 在本章的图像融合实验中,本文还利用 Microsoft Visual FoxPro 6.0 开发平台,实现了图像融合过程的界面化操作,并在此基础上完成了另外两组图像的融合实验,验证了本章方法的可重复性.

第六章 总结与展望

6.1 总结

本文通过对图像信息融合技术与集成计算智能技术的调研和分析,确定了以基于集成计算智能的图像信息融合技术为研究方向,并针对这一研究方向开展了理论和应用方面的研究. 本文的主要研究工作及成果总结如下:

首先,针对当前图像融合预处理中存在的问题及难点,本文提出了两种预处理方法.

1. 神经模糊去噪法

鉴于传统去噪法不能同时去除正负脉冲噪声的现状,本文结合模糊理论及神经网络的优点,构造了自适应性强的神经模糊去噪模型,通过对正负脉冲噪声的模糊聚类及递归修正,最终达到去噪的目的. 该方法最大的特点是适应性好,鲁棒性强,避免了传统滤波法能去除孤立的脉冲噪声但不能同时去除正负脉冲噪声的缺陷. 通过实验,获得了比中值滤波更好的去噪效果.

2. 模糊粗集边缘提取法

因为图像边缘信息的模糊性及不可分辨性,准确的边缘提取一直是图像处理领域的一个难点,本文利用模糊粗集理论的特点以及它处理近似信息的理论优势,通过建立图像的近似空间和构造等价类,确立了边缘信息的模糊粗集定义,最终实现了非刚性图像的边缘提取. 本方法既为边缘提取提供了一种新的思路,也拓宽了模糊粗糙集理论的应用范围.

然后,根据目前集成计算智能的研究热点,本文提出了三种基于

集成计算智能的图像信息融合新途径.

1. 提出了基于模糊神经网络的图像信息融合方法,将模糊神经网络理论成功应用于图像融合领域,实质性地提高了图像融合的质量.

通过构造图像融合的模糊神经网络模型,对含噪图像的像素进行自竞争的模糊聚类,既处理了含噪图像的精确信息,又处理了含噪图像的模糊信息. 无论是对网络模型性能的仿真,还是对含噪图像的融合实验,对比分析都显示了本文方法优于神经网络法. 最后,通过对复旦大学附属华山医院提供的两组实际含噪图像的融合实验和结果分析,得出了本文方法可以直接融合含噪图像,并能有效恢复含噪图像的原始信息的结论,进一步证明了本文方法的实用性和有效性.

2. 提出了基于小波神经网络的图像融合方法,扩展了小波神经网络的内涵,实现了信息互补型图像的特征融合.

利用小波神经网络良好的分类和图像识别性能,构造了本文的小波神经网络模型,通过网络内部能量特征的提取、输入及分类,最终实现了特征融合. 实验过程中,分别用小波变换和小波包两种方式对复旦大学数字医学中心提供的 MRI 图像及 PET 图像进行了特征提取及融合实验,通过分析与对比,得出了与理论分析相吻合的结论,即通过小波包法提取图像的特征能取得更好的最终结果. 该方法的提出,包含了一种新的融合思想.

3. 提出了基于粗神经网络的图像融合方法,根据图像信息的近似性及不可分辨性,利用粗神经元,实现了图像的像素级融合.

利用粗神经网络处理近似信息的优势,构造了适用于图像融合的粗神经网络模型,在对网络性能仿真的基础上,实现了三类不同图像的像素级融合:(1) 不同波段的卫星图像;(2) 不同聚焦面的图像;(3) 不同频段的遥感图像. 融合实验和结果验证了该方法的正确性和有效性. 在融合实验的过程中,利用 Microsoft Visual FoxPro 6.0 开发平台,实现了该方法融合过程的界面操作.

在研究过程中,本文提出了上述三种不同的图像融合途径. 由于

通常对于图像融合的效果评价存在下列情况：同一图像融合算法，用于不同类型的图像时，其融合效果将不同；同一图像融合算法，用于同一图像，但感兴趣的区域不同时，融合效果也将不同；不同的图像融合算法，用于同一图像时，因图像融合的目的不同，其效果也会不同. 因此，针对上述三种方法进行了对比分析，以明确每种融合方法自身的特点，参见表 6.1.

表 6.1　三种图像融合方法的比较

属性	图像融合方法		
	模糊神经	小波神经	粗神经
融合途径	通过网络内部竞争层的像素模糊聚类	通过网络内部能量特征的提取及分类	通过网络内部像素的上近似值及下近似值的传递（上近似值必须大于下近似值）
融合特点	针对图像信息的模糊性	针对图像的内部特征	针对图像信息的不可分辨性
融合对象	含噪图像	信息强互补型图像	已去噪图像
融合级别	像素级	特征级	像素级
信息损失	小	中	小
抗干扰力	差	中	差
空间精度	高	中	高
性能改善	降低噪声水平，从含噪图像中恢复原图像的有用信息	减少处理量，增强特征表示，获取更多的互补信息	获得更好的图像处理效果，图像更清晰

从表 6.1 可以看出，本文采用的三种图像融合方案各有特点，针对不同的融合对象，达到各自的融合效果. 尤其是基于粗神经网络的图像融合，对图像的输入要求比较高，如果输入不能准确地反映图像信息的真实性，其最终的融合效果就很难得到保证. 本文在

基于集成计算智能的图像信息融合方面，实现了三种融合方案，取得了一定的效果，提高了图像融合的自适应性和智能程度，但并不表明这些集成计算智能理论就适用于所有图像融合应用，事实上，这也是当前图像融合技术面临的一个主要问题，即没有一个统一的理论框架. 另外，由于集成计算智能和图像融合都是很复杂的过程，本文的研究也存在不足，例如：在构造去噪模型时，主要考虑的是去除正负脉冲噪声，而实际上噪声情况相当复杂；本文构造的模糊神经网络对初始值比较敏感，即算法的收敛效果是否合理依赖于初值的选取，因此研究性能更加稳定的网络具有重要意义；再者，在小波网络融合过程当中，最优基及最佳分解层数的选取也是需要进一步深入研究的内容. 总之，随着研究的深入，新的基于集成计算智能的图像融合方法也会层出不穷，对于这方面的研究将始终是一个动态发展的过程.

6.2 展望

智能图像处理技术是信息社会发展的必然趋势，但基于集成计算智能的图像信息融合技术才刚刚起步，本文在这方面做了一些理论和应用的探索性工作，尝试了三种不同的集成计算智能图像融合方法，将有助于该项技术逐步走向成熟. 在未来的应用中，利用当前先进的 PACS(Picture Archiving and Communication Systems)信息系统，通过建立基于 PACS 的图像融合系统，就有可能将集成计算智能图像融合技术与图像融合的实时化和智能化处理直接联系起来，从而实现图像融合的更高目标[167~176]，参见图 6.1.

总而言之，无论是集成计算智能技术，还是图像信息融合技术，或是基于集成计算智能的图像信息融合技术，都不可能一劳永逸地得到解决，它们是互相促进，共同发展的. 这是信息社会发展的一个重要特征. 研究者的不懈努力肯定将推动集成计算智能图像信息融合技术不断地前进.

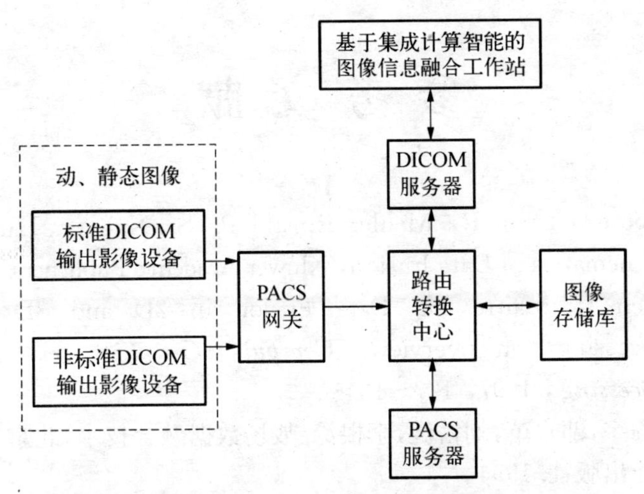

说明：整个系统经由PACS服务器控制，各种历史影像及动、静态图像经由DICOM服务器发送到图像融合工作站.通过该系统，图像融合工作站可以实现实时的、智能的图像融合.

图 6.1　基于 PACS 的图像融合系统

参 考 文 献

1 Goodman Irwin R, Mahler Ronald P. S. Nguyen, Hung T. Mathematics of Data Fusion, Kluwer Academic Publishers. c1997

2 Bloch I, Maitre H. Data Fusion in 2D and 3D image Processing: an overview. *Computer Graphics and Image Processing*, 1997, 127－134

3 杨静宇，邬永革，刘雷健，李根深. 战场数据融合技术，北京：兵器工业出版社. 1994

4 何友，王国宏，陆大绘，彭应宁. 多传感器信息融合及应用，北京：电子工业出版社. 2000

5 覃征，鲍复民，李爱国，杨博，弓亚歌. 数字图像融合，西安：西安交通大学出版社. 2004

6 权太范. 信息融合：神经网络——模糊推理理论与应用，北京：国防工业出版社. 2002

7 康耀红. 数据融合理论与应用，西安：西安电子科技大学出版社. 1997

8 Xydaes C, Petrovi V. Objective image fusion performance measure. *Electronic Letters*, 2000, **36**(4):308－309

9 Klein L. A. Sensor and data fusion concepts and applications. Tutorial Texts, Vol. 14, SPIE Opt, Engineering Press. 1993

10 Simone G., Farina A., Morabito F. C., Serpico S. B., Bruzzone L. Image fusion techniques for remote sensing applications. *Information Fusion*, 2002, **3**: 3－15

11 Valet L, Mauris G, Bolon Ph. A statistical overview of recent literature in information fusion. *IEEE AESS Systems*

Magazine, 2001, **16**(3):7 - 14

12 Eberhart R. C. Overview of computation intelligence. *Proceedings of the 20th Annual International Conference of the IEEE Engineering in Medicine and Biology Society*, 1998, **20**(3): 1125 - 1129

13 Aizenberg I, Aizenberg N, Hiltner J, Moraga C, Meyer zu Bexten E. Cellular neural networks and computational intelligence in medical image processing. *Image and Vision Computing*, 2001, **19**(4): 177 - 183

14 Fukuda Toshio, Arakawa Takemasa. Computational intelligence in robotics and automation. *Computer Standards and Interfaces*, 1999, **21**(2): 130

15 Dounias George, Linkens Derek. Adaptive systems and hybrid computational intelligence in medicine. *Aritifical Intelligence in Medicine*, 2004, **32**(3): 151 - 155

16 Douligeris Christos, Pitsillides Andreas, Panno Daniela. Computational intelligence in telecommunications networks. *Computer Communications*, 2002, **25**(16): 1413 - 1414

17 Chen Shuheng, Wang Paul. Special issue on computational intelligence in economics and finance. *Information Sciences*, 2005, **25**(16): 1 - 2

18 Reformat Marek, Pedrycz. Witold Pizzi Nicolino J. Software quality analysis with the use of computational intelligence. *Information and Software Technology*, 2003, **45**(7): 405 - 417

19 Kaynak O, Rudas I. J. The fusion of computational intelligence methodologies in sliding mode control. *Proceedings of the 24th Annual Conference of the IEEE*, 1998, **1**(31): 25 - 34

20 徐立中. 数字图像的智能信息处理. 北京: 国防工业出版社, 2001

21 Zadeh L. A. Outline of a new approach to the analysis of

complex systems and decision process. *IEEE Trans. On System, Man and Cybenetics*, 1973, **3**(1):28-44

22 Chung Fu Lai, Duan Ji Cheng. On multistage fuzzy neural network modeling. *IEEE Trans. On Fuzzy Systems*, 2000, **8**(2): 125-142

23 Jia Limin, Shi Tianyun. Research on fuzzy evolutionary neural network theory and technique. *International Conference on Intelligent System and Control* (ISC 2000) *Hawaii*, USA, August, 2000, 14-16: 170-175

24 Rong L L., Wang Z. T. An algorithm of extracting fuzzy rules directly from numerical examples by using FNN. Proc of the 1996 IEEE Int conf on Syst, Man and Cyb. Beijing, 1996, 1067-1072

25 Er. meng Joo. Fuzzy neural networks-based quality prediction system for sintering process. *IEEE Trans. On Fuzzy Systems*, 2000, **8**(3): 314-324

26 Lee Shijue, Hou Chunliang. A neural-fuzzy system for congestion control in ATM networks. *IEEE Trans. SMC*, 2000, **30**(1): 2-9

27 Giles. C. L, Omlin. C. W, Thornber. K. K. Equivalence in knowledge representation: Automata, recurrent neural network, and dynamical fuzzy systems. *Proceedings of IEEE*, 1999, **87**(9): 1623-1639

28 Krishnapuram R, Lee J. Fuzzy-set-based hierarchical networks for information in computer vision. *Neural Networks*, 1992, 15: 335-350

29 Lee S C, E. T Lee. Fuzzy neural networks. *Math Biosciences*, 1975, 23: 151-177

30 Kandel, Abraham, Samnel C. Lee. Fuzzy switching and

automata: Theory and applications. *Crane, Russak & Company. Inc.*, New York. NY. 1979

31 Roger S. Jang. ANFIS: Adaptive-network based fuzzy inference systems. *IEEE Trans. On System, Man and Cybernetics*, 1993, **23**(3): 665–685

32 Carpenter G. A., Grossberg S. N., Markuzon J. M., Reynolds D. Rosen B. Fuzzy ARTMAP: A neural network architecture for incremental supervised learning of analog ultidimensional maps. *IEEE Transactions on Neural Networks*, 1992, **3**: 698–713

33 Hashinmoto S., Kubota N., Kojima F., Fukuda. T. Genetic programming for perception-based robotics. *Proc. of The Fourth AFSS*, 2000, 674–679

34 Fukuda T, Kubota N. Computational intelligence-fuzzy, neural, and International Conference, 2001, joint 9th. 2001, **4**(25–28): 2084–2089

35 Yao X. Evolving artificial neural network. *Proceedings of IEEE*, 1999, **87**(9): 1423–1439

36 Scheffer H. D. Combinations of genetic algorithms and neural network: a survey of the state of the art. *Combination of Genetic Algorithms and Neural Network*. IEEE Computer Society Press, 1992, 1–37

37 Wu Yawen, Zhang Chang-N. A rough neural network for material proportioning system. *Communications, Circuits and Systems and West Sino Expositions*. IEEE 2002 International Conference on. 2002, **2**(29): 1189–1193

38 Zhang Dongbo, Wang Yaonan, Yi Lingzhi. Rough neural network and its application to intelligent information processing. *Control and Decision*, 2005, **20**(2): 121–126

39 Gao You. Approach to rough neural networks and its application in classification of patients after highly selective vagotomy for duodenal ulcer. *Journal of Sichuan Normal University*, 2003, **26**(2): 176 - 179

40 Zhao Weidong, Chen Guohua. A survey for the integration of rough set theory with neural network. *Systems Engineering and Electronics*, 2002, **24**(10): 103 - 126

41 Yahia M E, Mahmod R, Sulaiman N. Rough neural expert systems. *Expert Systems with Application*, 2000, **18**: 87 - 99

42 Ahn B. S., Cho S. S., Kim C. Y. The integrated methodology of rough set theory and artificial neural network for business failure prediction. *Expert Systems with Application*, 2000, **18**: 65 - 74

43 Swiniarski R. W, Hargis L. Rough sets as a front end of neural networks texture classifiers. *Eurocomputing*, 2001, **36**: 85 - 102

44 Zhaocong Wu. Research on remote sensing image classification using neural network based on rough sets. *Info-tech and info-net, 2001 Proceedings ICII* 2001 - *Beijing* 2001, International Conference on. 2001, **1**: 279 - 284

45 Hassan Y, Tazaki E, Egawa S. Rough neural classifier system. Yokohama: *Proc of the IEEE Conference on Systems*, Man and Cybernetics. 2002, 1 - 6

46 Zhang Zhaoli, Sun Shenghe. Rough neural network and its application in multisensor data fusion. *Control and Decision*, 2001, **16**(1): 76 - 78+82

47 Liu Guoliang, Qiang Wenyi, Ma Liang, Chen Xinglin. Speech fusion based on rough neural network for humanoid intelligent robots. *Control and Decision*, 2003, **18**(3): 364 - 366

48 Mao Chiwu, Liu Shaohan, Jzausheng. Classification of multispectral images through a rough-fuzzy neural network. *Optical Engineering*, 2004, **43**(1): 103－112

49 Liu Hongjian, Tuo Hongya, Liu Yuncai. Rough neural network of variable precision. *Neural Processing Letters*. 2004, **19**(1): 73－87

50 Stepaniuk, Jaroslaw, Kierzkowska, Katarzyna. Hybrid classifier based on rough sets and neural networks. *Electronic Notes in Theoretical Computer Science*, 2003, **82**(4): 1－11

51 Mak Brenda, Munakata, Toshinori. Rule extraction from expert heuristics: A comparative study of rough sets with neural networks and ID3. *European Journal of Operational Research*, 2002, **136**(1): 212－229

52 陈遵德. Rough set 神经网络智能系统及其应用. 模式识别与人工智能. 1999, **12**(1): 1－5

53 Jelonek, J. *et al*. Rough set reduction of attributes and their domains for neural networks. *Computational Intelligence*, 1995, **11**(2): 339－347

54 Mohua Banerjee, *et al*. Rough fuzzy MLP: Knowledge encoding and classification. *IEEE Trans. Neural Networks*, 1998, **9**(6): 1203－1216

55 Pati Y. C. Krishnaprasad P. S. Analysis and syntaesis of feedforward neural network using discrete affine wavelet. *IEEE Trans. on Neural Network*, 1993, **4**(1): 73－75

56 Zhang Qinghua, Brnvenlste A. Wavelet Network. *IEEE Trans. on Neural Network*, 1992, **3**(6): 889－898

57 Qinghua Zhang. Using wavelet network in nonparametric estimation. *IEEE Transactions on Neural Networks*, 1997, **8**(2): 227－236

58 Roberto K. H. Galvão, Takashi Yoneyama. A competitive wavelet network for signal clustering. *IEEE Transactions on Systems, Man and Cybernetics-Part B: Cybernetics*, 2004, **34**(2): 1282-1288

59 Wang Aming, Liu Tianfang, Wang Xu. Image and pattern recognition using wavelet neural network. *Zhongguo Kuangye Daxue XUebao/Journal of China University of Mining & Technology*, 2002, **31**(5): 382-384

60 Zhao Qingjie, Sun Zengqi. Robot motion simulation using wavelet neural network. *Proceedings of the International Joint Conference on Neural Network*, 2002, **1**: 873-877

61 Gaing Zwe-Lee. Wavelet-based neural network for power disturbance recognition and classification. *IEEE Transactions on Power Delivery*, 2004, **19**(4): 1560-1568

62 Zhang Qingchao, Duan Hui, Geng Chao, Lin Zhibo, Li Ruanzhao, Nie Shuqun. Fault detection in transmission line based on wavelet neural network. *Tianjin Daxue Xuebao/Journal of Tianjin University Science and Technology*, 2003, **36**(6): 710-713

63 Huanqin Li, Baiwu Wan. Multi-input-layer wavelet neural network and its application. *Proceedigns Fifth International Conference on Computational Intelligence and Multimedia Applications*, 2003, 468-473

64 Ramuhalli P, Zheng Liu. Wavelet neural network based data fusion for improved thickness characterization. *AIP Conference Proceedings*, 2004, **710**(1): 589-596

65 Huang Kun, Chen Senfu, Sun Yan, Zhou Zhenguo. Research on multisource information fusion system based on wavelet neural network and evidential theory. *Journal of Data*

Acquisition & Proceesing, 2003, **18**(4): 434 - 439

66 Kruger, V., Happe, A., Sommer, G. Affine real-time face tracking using gabor wavelet network. *Pattern Recognition*, *Proceedings*, 15*th International Conference*, 2000, **1**: 127 - 130

67 Feris R. S., Gemmell J., Toyama K., Kruger V. Hierarchical wavelet networks for facial feature localization, Automatic Face and Gesture Recognition. *Proceedings*, *Fifth IEEE International Conference on*, 2002, 118 - 123

68 曾黄麟. 智能计算：关于粗集理论、模糊逻辑、神经网络的理论与应用. 重庆：重庆大学出版社. 2004

69 Watjanapong Kasemsiri, Chom Kimpari. Printed thai character recognition using fuzzy-rough sets. *Electrical and Electronic Technology*, 2001, **1**(19 - 22): 326 - 330

70 Jensen R, Qiang Shen. Fuzzy-rough sets for descriptive dimensionality reduction. *Fuzzy Systems*, 2002, **1**(12 - 17): 29 - 34

71 Asharaf S, Murty M Narasimha. An adaptive rough fuzzy single pass algorithm for clustering large data sets. *Pattern Recognition*, 2003, **36**(12): 3015 - 3018

72 Fernóndez Salido. J. M, Murakami S. Rough set analysis of a general type of fuzzy data using transitive aggregations of fuzzy similarity relations. *Fuzzy Sets and Systems*, 2003, **139**(3): 635 - 660

73 Charles L. Karr. Genetic algorithms for modeling, design and process control. *Proceedings of the Second International Conference on Information and Knowledge Management*, 1993, 233 - 238

74 Ramirez L, Durde N. G, Raso V. J. Medical image registration

in computational intelligence framework: a review. *Electrical and Computer Engineering*, *2003*, *IEEE CCECE 2003*, *Candadian Conference*, 2003, **2**: 1021 - 1024

75 Vincent Barra, Jean-Yves Boire. A general framework for the fusion of anatomical and functional medicalimages. Neuro Image, 2001, **13**: 410 - 424

76 Matsopoulos, G. K., Delibasis, K. K., Mouravliansky, N. A. Medical image registration and fusion techniques: a review. *Advanced Signal Processing Handbook*, Stergiopoulos S., Ed. Boca Raton, USA: CRC Press LLC, 2001

77 Lelieveldt, B. P. F. vanderGees, R. J. Rezaee, M. R. Bosch, J. G. Reiber. J. H. C, Anatomical model matching with fuzzy implicit surfaces for segmentation of thoracic volume scans. *IEEE Trans. Med. Imag.* 1999, **18**: 218 - 230

78 Hirano, S. Tsumoto. S. Multiscale comparison of temporal patterns in time-seriesmedicaldatabases. *Proc. 6th Eruopean Conf. PKDD*, *2002* (*LNAI 2431*), 2002, 188 - 192

79 Bayer T, Townsend D. R, Brun T, *et al*. A combined PET/CT scanner for clinical oncology. *J. Nud Med*, 2000, **41**: 1369 - 1379

80 Kockro R. A, Serra L, Tseng-Tsai Y, *et al*. Planning and simulation of neurosurgery in a virtual reality environment. *Neurosurgery*, 2000, **46**(1): 118 - 135

81 Mahmoud Ramze Rezaee, Pieter M. J. Van Der Zwet, Boudewujn P. F. A. Multiresolution image segmentation technique based on pyramidal segmentation and fuzzy clustering. *IEEE Trans. on IP*. 2000, **9**(7): 1238 - 1248

82 Bhogal A. S, Goodenough D. G, Dyk A, *et al*. Extraction of forest attribute information using multisensor data fusion

techniques: A cases study for a test site on Vancouver island, British Columbia. *IEEE Pacific RIM Conference on Communications, Computers, and Signal Processing*, 2001, 674 - 680

83 Liu Q. J. Takeuchi N. Vegetation inventory of a temperate biosphere reserve in China by image fusion of Landsat TM and SPOT HRV. *Journal of Forest Research*, 2001, **6**(3): 139 - 146

84 田捷,包尚联,周明全. 医学影像处理与分析. 北京: 电子工业出版社. 2003

85 McCulloch, W. S., Pitts, W. H. A logical calculus of the ideas immanent in nerrous activity. *Bulletin of Mathematical Biophysics*, 1943, **5**: 115 - 133

86 Wachowiak M. P., Smolikova R., Zurada J. M., Eimaghraby A. S. A supervised learning approach to landmark-based elastic biomedical image registration and interpolation. In: *Proc. 2002 Int. Joint Conf. on Neural Network*, 2002, 1625 - 1630

87 Davis M. H., Khotanzad A., Flaming D. P.. 3D image matching using radial basis function neural network. *In: Proc. WCNN'96: World Congress on Neural Networks*, 1996, 1174 -1179

88 Thompson P. W., Toga. A. Warping strategies for intersubject registration. In: Handbook of Medical Imaging: Processing and Analysis. I. Bankman, Ed. New York: Academic Press. 2000, 569 - 601

89 Sabisch T., Ferguson A., Bolouri. H. Automatic registration of complex images using a self organizing neural system. *In: Proc. 1998 Int. Joint Conf. on Neural Network*, 1998, 165 - 170

90 Yiyao L., Venkatesh Y. V., Ko C. C. A knowledge-based neural network for fusing edge maps of multi-sensor images.

Information Fusion, 2001, (2): 121-133

91 Zhang Zhaoli, Sun Shenghe, Zheng Fuchun. Image fusion based on median filters and SOFM neural networks: a three-step scheme. *Signal Processing*, 2001, **81**: 1325-1330

92 Fonseca L., Manjunath B. S., Kenney C. Scope and application of translation invariant wavelets to image registration. In: *Proceedings of Image Registration Workshop*, 1997, 20-21: 13-28

93 Pinzon J., Ustin S., Castaneda C., Pierce J. Image registration by non-linear wavelet compression and singular value decomposition. In: *Proceedings of IRW*, NASA GSFC. 1997, 20-21: 1-6

94 Holland J H. Adaptation in Nature and Artificial Systems. The University of Michigan Press, 1975, MIT Press, 1992

95 Rouet J. M., Jacq J. J., Roux C. Genetic algorithms for a robust 3-D MR-CT registration. *IEEE Trans. Inform. Technol. Biomed*, 2000, **4**(6): 126-136

96 Butz, T., Thiran, J. P. Affine registration with feature space mutual information. In: *MICCAI 2001* (*LNCS 2208*), 2001, 549-556

97 Fan, Y., Jiang, T., Evans, D. J. Medical image registration using parallel genetic algorithms. *EvoPLAN* (*LNCS 2279*), 2002: 304-314

98 Matsopoulos G. K., Delibasis K. K., Mouravliansky N. A. Medical image registration and fusion techniques: a review. In: *Advanced Signal Processing Handbook*, S. Stergiopoulos, Ed. Boca Raton, USA: CRC Press LLC. 2001

99 曾黄麟. 粗集理论及其应用：关于数据推理的新方法. 重庆：重庆大学出版社. 1996

100 Lelieveldt B. P. F., derGees R. J., Rezaee M. R., Bosch J. G., Reiber J. H. C. Anatomical model matching with fuzzy implicit surfaces for segmentation of thoracic volume scans. *IEEE Trans. Med. Imag*, 1999, **18**(1): 218 - 230

101 Banerjee S., Majumdar D. D. Shape matching in multimodal medical images using point landmarks with Hopfield net. *Neurocomputing*, 2000, **30**(1): 103 - 106

102 王国胤. Rough 集理论与知识获取. 西安：西安交通大学出版社. 2001

103 Hirano, S., Tsumoto. S. Multiscale comparison of temporal patterns in time-series medical databases. In: *Proc. 6th Eruopean Conf. PKDD 2002 (LNAI 2431)*, 2002: 188 - 192

104 Lee Shijue, Hou Chunliang. A neural-fuzzy System for Congestion Control in ATM Networks. *IEEE Trans. SMC*, 2000, **30**(1): 2 - 9

105 Chen Sei Wang, Chen Chi Farn. Neural-fuzzy classification for segmentation of remotely sensed images. *IEEE Transactions on Signal Processing*, 1997, **45**(11): 2639 - 2654

106 Chin-Teng Lin, Yin-Cheung Lee, Her-Chang Pu. Satellite sensor image classification using cascaded architecture of neural fuzzy network. *IEEE Transactions on Geoscience and Remote Sensing*, 2000, **38**(2): 1033 - 1043

107 Lu Siwei, Wang Ziqing, Shen Jun. Neuro-fuzzy synergism to the intelligent system for edge detection and enhancement. *Pattern Recognition*, 2003, **36**: 2395 - 2409

108 Kong H, Guan L. A neural network adaptive filter for the removal of impulse noise in digital images. *Neural Networks Letter*, 1996, **3**(6): 373 - 378

109 Shen Jianqiang, Li Ping. A survey of combination of fuzzy

logic and neural network. *Control and Decision*, 1996, **11**(5): 525-532

110 Wu Gin Der, Lin Chin Teng. A recurrent neural fuzzy network for word boundary detection in variable noise-level environments. *Systems, Man and Cybernetics, Part B, IEEE Transactions on*, 2001, **31**(1): 84-97

111 Russo F. Evolutionary neural fuzzy systems for noise cancellation in image data. *Instrumentation and Measurement, IEEE Transactions on*, 1999, **48**(5): 915-920

112 Chir-Ho Chang, Hsien-Hui Tseng, Bor-Yao Huang. Noise immunization of a neural fuzzy intelligent recognition system by the use of feature and rule extraction technique. *Fuzzy Systems Symposium*, 1996. *Soft Computing in Intelligent Systems and Information Processing, Proceedings of the 1996 Asian*, 1996, 73-78

113 Achim A, Bezerianos A, Tsakalides P. Novel Bayesian multiscale method for speckle removal in medical ultrasound images. *IEEE Trans on Medical Imaging*, 2001, **20**: 772-783

114 Portilla J, Strela V, Wainwright M J, Simoncelli E P. Image denoising using scale mixtures of Gaussians in the wavelet domain. *IEEE Trans Image Processing*, 2003, **12** (3): 1338-1351

115 Tang Leming, Liu Min. Medical image denoising method based on wavelet transformation [J]. Chinese Journal of Medical Physics. 2004, **21**(4): 202-204

116 Cai Nian, Hu Kuanghu, Li Fangzhen, Su Wanfang. Noise removal in digital images based on a wavelet neural network. *ACTA Biophysica Sinica*, 2005, **21**(1): 78-82

117 Lee C. S, Kuo Y. H, Yu P. T. Weighted fuzzy mean filters for image processing. *Fuzzy Sets and Systems*, 1997, **89**(2): 157 - 180

118 Didier Demigny. An optimal linear filtering for edge delection. *Image Processing*, *IEEE Transaction*, 2002, **11**: 728 - 737

119 Banerjee, S. Majumdar, D. D. Shape matching in multimodal medical images using point landmarks with Hopfield net. *Neurocomputing*, 2000, **3**: 103 - 106

120 Hakan Bakircioglu, Taskin Kocak. Survey of random neural network applications. *European Journal of Operational Research*, 2000, **126**: 319 - 330

121 Shutao Li, James T. Kwok, Yaonan Wang. Multifocous image fusion using artificial neural networks. *Pattern Recognition Letters*, 2002, **23**: 985 - 997

122 Ajjimarangsee P. Neural network model for fusion of visible and infrared sensor outputs. In: *Proc of SPIE — the International Society for Optical Engineering*, New York, 1988, 153 - 160

123 Schistad A. H, Jain A. K, Taxt T. Multisource classification of remotely sensed data: fusion of landsat TM and SAR images. *IEEE Trans on Geoscience and Remote Sensing*, 1994, **32**(4): 768 - 778

124 David Zhang, Sankar K. Pal. A fuzzy clustering neural networks (FCNs) system design methodology. *IEEE Transactions on Neural Network*, 2000, **11**(5): 1174 - 1177

125 Bekir Karlik, M Osman Tokhi, Musa Alci. A fuzzy clustering neural network architecture for multifunction upper-limb prosthesis. *IEEE Transactions on Biomedical Engineering*, 2003, **50**(11): 1255 - 1260

126 Mostafa G Mostafa, Aly A Farag, Edward Essock. Multimodality image registration and fusion using neural network. *Journal of Harbin Institute of Technology* (*New Series*), 2003, **10**(3): 235-240

127 Zhaoli Zhang, Qi Wang, Shenghe Sun. A new fuzzy neural network architecture for multisensor data fusion in non-destructive testing. *1999 IEEE International Fuzzy Systems Conference Proceedings*, 1999, 1661-1665

128 Simone, G., Farina, A., Morabito, F. C., Serpico, S. B. Bruzzone, L. Image fusion techniques for remote sensing applications. *Information Fusion*, 2002, **3**: 3-15

129 Young-Jeng Chen, Ching-Cheng Teng. Rule combination in a fuzzy neural network. *Fuzzy Sets and Systems*, 1996, **82**: 161-166

130 Jing Zhongliang, Yang Yongsheng, Li Jianxun, Dai Guanzhong. Attribute information fusion based on fuzzy neural network. *Control and Decision*, 1997, **12**(6): 585-588

131 Rong Lili, Wang Zhongtuo. Realization of the fusion of the numerical and linguistic information using a fuzzy neural network. *Control and Decision*, 2001, **16**(6): 955-960

132 Tu T. M., Su S. C., Shyu H. C., Ko C. C. A knowledge-based neural network for fusing edge maps of multi-sensor images. *Information Fusion*, 2001, **2**: 177-186

133 Wan W, Fraser D. Multisource data fusion with multiple self-organizing maps. *IEEE Trans on Geoscience and Remote Sensing*, 1999, **37**(3): 1344-1349

134 Innocent P. R, Barnes M, John R. Application of the fuzzy ART/MAP and MinMax/MAP neural network models to

radiographic image classification. *Artificial Intelligence in Medicine*, 1997, **11**(3): 241 - 263

135 Liu Puyin. Representation of digital image by fuzzy neural network. *Fuzzy Sets and Systems*, 2002, **130**(1): 109 - 123

136 Lin Jzausheng, Kuosheng Cheng, Chiwu Mao. Multispectral magnetic resonance images segmentation using fuzzy Hopfield neural network. *International Journal of Bio-Medical Computing*, 1996, **42**(3): 205 - 214

137 Lyatomi, Hitoshi, Hagiwara, Masafumi. Scenery image recognition and interpretation using fuzzy inference neural networks. *Pattern Recognition*, 2002, **35**(8): 1793 - 1806

138 Favela, Jesus, Torres, Jorge. A two-step approach to satellite image classification using fuzzy neural networks and the ID3 learning algorithm. *Expert Systems with Application*, 1998, **14**(1 - 2): 211 - 218

139 Pascual, Alberto, Barcena, Montserrat, Merelo J. Mapping and fuzzy classification of macromolecular images using self-organizing neural networks. *Ultramicroscopy*, 2000, **84**(1 - 2): 85 - 99

140 Jouseau E, Dorizzi B. Neural networks and fuzzy data fusion. Application to an on-line and real time vehicle detection system. *Pattern Recognition Letters*, 1999, **20**(1): 97 - 107

141 Son Changman. Intelligent control planning strategies with neural network/fuzzy coordinator and sensor fusion for robotic part macro/micro-assembly tasks in a partially unknown environment. *International Journal of Machine Tools and Manufacture*, 2004, **44**(15): 1667 - 1681

142 Li Hongkun, Ma Xiaojiang, He Yong. Diesel fault diagnosis technology based on the theory of fuzzy neural network

information fusion. Information Fusion. 2003 *Proceedings of the Sixth International Conference of*, 2003, **2**: 1394 - 1410

143 Xinxing Yang, Licheng Jiao. Fast global optimization fuzzy-neural network and its application in data fusion. *Proceedings of SPIE — the International Society for Optical Engineering*, 1998, **3545**: 570 - 573

144 Ding Chengjun, Zhang Minglu. Application of fuzzy neural networks in information fusion for mobile robot. *Control Theory and Application*, 2004, **21**(1): 59 - 62

145 张乃尧,阎平凡. 神经网络与模糊控制. 北京: 清华大学出版社. 1998

146 Qinghua Zhang, Albert Benveniste. Wavelet network. *IEEE Transactions on Neural Networks*, 1992, **3**(6): 889 - 898

147 Zhang Q. P, Liang M, Sun W. C. Multi-resolution image data fusion using 2 - D discrete wavelet transform and self-organizing neural network. *Proceedings VRCA/2004 - ACM SIGGRAPH International Conference on Virtual Reality Continuum and its Applications in Industry*, 2004, 297 - 301

148 Zhigan Liu, Zhenyou He, Qingquan Qian. Research on feedforward neural network, wavelet transformation, wavelet network and their relations. *Proceedings of the 2nd International Workshop on Autonomous Decentrailized System*, 2002, 277 - 281

149 Kaichiu Kan, Kwokwo Wong. Self-construction algorithm for synthesis of wavelet network. *Electronics Letters*, 1998, **34**(2): 1953 - 1955

150 Ciftcioglu, O. From neural to wavelet network. *18th International Conference of the North American Fuzzy Information Processing Society-NAFIPS*, 1999, 894 - 898

151 Ding Yong, Liu Shousheng, Hu Shousong. Extended wavelet neural network structure and its optimal method. *Control Theory and Application*, 2003, **20**(1): 125 - 128

152 王耀南. 机器人智能控制工程. 北京：科学出版社. 2004

153 Koen C. Mertens, Lieven P. C. Verbeke, Toon Westra, Robert R De wulf. Sub-pixel mapping and sub-pixel sharpening using neural network predicted wavelet coefficients. *Remote Sensing of Environment*, 2004, **91**: 225 - 236

154 Sitharama, S. Iyengar, Cho, E. C. Vir V. Phoho. Foundations of wavelet networks and applications. *Neural Network: Book Review*, 2004, **17**: 459

155 Chang Y, Hu, C., Turk M. Manifold of facial expression analysis and modeling of faces and gestures. *AMFG* 2003, *IEEE International Workshop on*, 2003, 28 - 35

156 Suz H. H. Neural network adaptive wavelets for signal representation and classification. *Optical Engineering*, 1992, **3**: 1907 - 1919

157 杨福生. 小波变换的工程分析与应用. 北京：科学出版社. 1999

158 Sun Shenghe, Mei Xiaodan, Zhang Zhaoli. A novel rough neural network and its training algorithm. *IEICE Transactions on Information and Systems*, 2002, VE85 - D(2): 426 - 431

159 Mohabey A, Ray A K. Rough set theory based segmentation of color images. *Proceeding of IEEE 19th International Meeting of the North American Fuzzy Information Processing Society*, 2000, 338 - 342

160 Ni Guoqiang, Li Yongliang, Niu Lihong. New developments in data fusion technology based on neural network.

Transactions on Beijing Institute of Technology, 2003, **23**(4): 503 - 508

161 Lingars P. J. Comparison of neofuzzy and rough neural networks. *Information Sciences*, 1998, **110**(3): 207 - 215

162 Kang Yaohong, Wu Xiaoqin, We Yingbing, Chen Mingrui. Object orient data fusion algorithms and its neural network implementations. *IEEE Rgion 10 Annual International Conference*, 2002, **1**: 655 - 658

163 Phokharatkul, Pisit. Handwritem thai character recognition using fourier descriptors and genetic neural networks. *Computational Intelligence*, 2002, **18**(3): 270 - 293

164 Pan Li, Zheng Hong, Nahavandi, Saeid. The application of rough set and kohonen network to feature selection for object extraction. *International Conference on Machine Learning and Cybernetics*, 2003, **2**: 1185 - 1189

165 Xiaoye Wang, Zhengou Wang. Stock market time series data mining based on regularized neural network and rough set. *Machine Learning and Cybernetics*, 2002, **1**(4 - 5): 315 - 318

166 Czyzewski, Andrzei. Automatic identification of sound source position employing neural networks and rough sets. *Pattern Recognition Letters*, 2003, **24**(6): 921 - 933

167 Huang, H. K. Enterprise PACS and image distribution. *Computer Medical Image & Graphics*, 2003, **27**: 241 - 253

168 NEMA Standards Publication DS 3x. Digital Imaging and Communication in Medicine(DICOM). *National Electronical Manufactures Association*, 2101 L Street, N. W., Washington, D. C. 20037, 1992 - 2001

169 Saleh Alyafei. Image fusion system using PACS for MRI, CT, and Images. *Clinical Positron Imaging*, 1999, **2**(3):

137 – 143

170 Kauppinen, T., Pohjonen, H., Laakkonen, R. PACS: a prerequisite for image fusion in nuclear medicine. *Computer Assisted Radiology and Surgery*, 2001, **1230**: 767 – 772

171 Hanna Pohjonen. Image fusion in open-architecture PACS-environment. *Computer Methods and Programs in Biomedicine*, 2001, **66**: 69 – 74

172 Tsiknakis M, Katehakis D G, Orphanoudakis S C. Intelligent image management in a distributed PACS and telemedicine environment. *Communication Magazine*, *IEEE*, 1996, **34**(7): 36 – 45

173 Saranummi Niilo, Inamura, Kiyonari, Okabe Tetsuo, Laerum Frode, Olsson Silas. From PACS to image management systems: PACS matures into a tool supporting imaging across the care continuum. *Computer Methods and Programs in Biomedicine*, 2001, **66**(1): 1 – 3

174 Huang H. K. Enterprise PACS and image distribution. *Computerized Medical Imaging and Graphics*, 2003, **27**(2 – 3): 241 – 253

175 Bandon David, Trolliard Patrice, Garcia Arnaud, Lovis Christian, Geissbuhler Antoine. Building an enterprise-wide PACS for all diagnostic images. *International Congress Series*, 2004, **1268**: 279 – 284

176 Liu, B. J., Cao, F., Zhou, M. Z., Mogel, G., Documet, L. Trends in PACS image storage and archive. *Computerized Medical Imaging and Graphics*, 2003, **27**(2 – 3): 165 – 174

致　谢

本论文的研究工作是在导师王保华教授的悉心指导下完成的. 导师的渊博学识、严谨求实的治学态度、对科研问题的敏锐洞察力以及将理论应用于实践的能力,都给我留下了非常深刻的印象,这是我将珍藏一生的精神食粮. 在完成论文的过程中,导师为我提供了很多发展的机会,使我的科研和实践能力都得到了提高. 在论文完成之际,我衷心感谢导师在我攻读博士学位期间所给予的指导、关心和帮助!

在我攻读博士学位期间,中国科学院技术物理所的张建国研究员给了我许多帮助和指导,使我有了充分的信心完成课题的研究并准备迎接未来的挑战,谨向张老师表示衷心的感谢!

感谢哈尔滨工业大学的权太范教授在课题之初给予的指点! 感谢重庆邮电学院的王国胤教授在粗糙集理论和粗神经元方面的指导! 特别感谢上海大学的王朔中教授和黄肇明教授对我论文的指导!

感谢法国信息科学研究机构 IRISA(Institut de Recherche en Informatique et Systèmes Alé-atoires)的 Zhang Qinhua 提供的小波神经网络开发平台!

感谢中国科学院技术物理所医学影像信息学实验室以及复旦大学数字医学研究中心的老师和同学们所给予的帮助,尤其是孙健永老师、张晓彦博士、谭永强博士、张锦翔硕士的帮助和讨论!

感谢上海大学理学院张小勇博士、通信学院张新鹏博士和张庆利博士的帮助与讨论,感谢实验室所有的老师和同学! 在论文撰写期间,我得到了许多老师、朋友和亲人的关心与支持,在此谨向他/她们致以最诚挚的谢意!

特别要提的是,在我学习期间,我那勤劳善良、任劳任怨的母亲因病突然离我而去,是她生前一贯对我的教导,让我化悲痛为力量,走过了这段艰辛的历程。虽然这篇论文没有什么华丽的辞藻和骄人的成绩,仅仅是我这几年来勤勉努力的总结,但"谁言寸草心,报得三春晖",我谨以此文献给我至亲至敬的母亲,希望她老人家能含笑九泉!

最后,谨以此文献给远在家乡时刻都在挂念我的父亲!

2005 年 6 月